人人都是**设计师**

零基础学 网页配色

Art Style数码设计 编著

清华大学出版社
北 京

内容简介

本书介绍网页配色以及应用案例，主要内容包括色彩搭配基础、网页构成与布局、网页配色与视觉印象、色彩搭配标准、网站布局配色、网页交互配色、常见的网站色彩搭配、不同风格的网页设计、不同行业的网页色彩搭配等方面的知识、技巧及应用案例。另外，本书还赠送教学用 PPT 课件。

本书面向学习网页配色的初、中级用户，适合网页配色的爱好者以及相关从业需要学习网页配色的人员使用，更加适合广大设计爱好者及相关从业人员作为自学手册使用，还适合作为初、中级培训班的教材或学习辅导书。

图书在版编目（CIP）数据

零基础学网页配色 / Art Style数码设计编著. —北京：清华大学出版社，2021.4
（人人都是设计师）
ISBN 978-7-302-57748-5

Ⅰ. ①零⋯ Ⅱ. ①A⋯ Ⅲ. ①网页－制作－配色 Ⅳ. ①TP393.092

中国版本图书馆CIP数据核字（2021）第050880号

责任编辑：张　敏
封面设计：杨玉兰
责任校对：胡伟民
责任印制：沈　露

出版发行：清华大学出版社
网　　址：http://www.tup.com.cn，　http://www.wqbook.com
地　　址：北京清华大学学研大厦A座　　邮　　编：100084
社 总 机：010-62770175　　邮　　购：010-83470235
投稿与读者服务：010-62776969, c-service@tup.tsinghua.edu.cn
质量反馈：010-62772015, zhiliang@tup.tsinghua.edu.cn
印 装 者：小森印刷霸州有限公司
经　　销：全国新华书店
开　　本：170mm×240mm　　印　　张：10　　字　　数：235千字
版　　次：2021年6月第1版　　印　　次：2021年6月第1次印刷
定　　价：59.80元

产品编号：083875-01

前言

网页配色是一种应用广泛的平面表现形式，可用较少的信息获得良好的宣传效果，常用于网页设计、平面网站等，已成为众多商家常用的推广手段。为了帮助设计初学者快速地掌握和应用网页配色，以便在日常的学习和工作中学以致用，我们编写了本书。

本书通过由浅入深的方式讲解，结合常见应用案例，诠释网页配色的方法和技巧。全书结构清晰、内容丰富，共分为9章，主要包括三个方面的内容。

- **网页配色的准备与原理**

第1～3章，主要学习色彩搭配基础、网页构成与布局和网页配色与视觉印象等方面的知识与操作技巧。

- **网页布局配色**

第4～6章，主要学习色彩搭配标准、网站布局配色、网页交互配色等方面的知识与操作技巧。

- **不同网页设计的配色方法**

第7～9章，主要学习常见的网站色彩搭配、不同风格的网页设计、不同行业的网页色彩搭配等方面的知识与操作技巧。

本书编者在网页配色领域积累了多年的制作经验，潜心钻研各种软件的使用技巧和方法。本书通过对知识点的归纳总结，拓展读者的视野，鼓励读者多尝试、多练习、多思考、多动脑，以此提高读者的动手能力。希望通过本书，能激发读者学习网页配色的兴趣，步入设计殿堂的大门，成就一个设计师的梦想。

本书教学用 PPT 课件，读者可扫描右方二维码获取。

教学PPT课件

本书由 Art Style 数码设计组织编写，参与本书编写工作的人员有许媛媛、罗子超、丁维英、朱恩棣、胡凤芝等。由于本书编著的能力和学识有限，书中难免有不妥之处，敬请各位专家、学者、同行以及读者提出宝贵意见和建议。

编者

目录

第1章
色彩搭配基础

本章要点

- 认识色彩
- 主题色、辅助色和点缀色
- 色彩的对比
- 色彩的作用
- 色彩搭配基础

本章主要内容

本章将主要介绍主题色、辅助色和点缀色以及色彩的对比方面的知识与技巧，同时还将讲解色彩的作用，在本章的最后针对实际的工作需求，还将讲解色彩搭配基础。通过本章的学习，读者可以掌握色彩搭配基础方面的知识，为深入学习网页配色奠定基础。

1.1 认识色彩

在学习的开始，需要先认识色彩，其中主要包含色彩是什么，以及色彩的分类、色彩的属性和色彩在网页中的应用。本节将详细介绍色彩方面的知识。

1.1.1 色彩是什么

在人类物质生活和精神生活发展的过程中，色彩始终焕发着神奇的魅力。人们不仅发现、观察、创造、欣赏着绚丽缤纷的色彩世界，还通过日久天长的时代变迁不断深化着对色彩的认识和运用。人们对色彩的认识、运用过程是从感性升华到理性的过程。所谓理性色彩，就是借助人所独具的判断、推理、演绎等抽象思维能力，将从大自然中直接感受到的纷繁复杂的色彩印象予以规律性的揭示，从而形成色彩的理论和法则，并运用于色彩实践。

对于色彩的研究，千余年前的中外先驱者们就已有所关注，但自 17 世纪的科学家牛顿真正给予科学揭示后，色彩才成为一门独立的学科。色彩是一种涉及光、物与视觉的综合现象，如图 1-1 所示。

图 1-1

1.1.2 色彩的分类

在千变万化的色彩世界中，人们视觉感受到的色彩非常丰富，这些色彩按种类分为原色、间色和复色。但就色彩的系别而言，则可分为无彩色系和有彩色系两大类。

其中，原色是指色彩中不能再分解的基本色。原色能合成出其他色，而其他色不能还原出原色。原色只有三种，色光三原色为红、绿、蓝，颜料三原色为品红、黄、青。色光三原色可以合成出所有色彩，同时相加得白色。颜料三原色从理论上来讲可以调配出其他任何色彩，同时相加得黑色，因为常用的颜料中除了色素外还含有其他化学成分，所以两种以上的颜料相调和，纯度就受影响，调和的色种越多就越不纯，也越不鲜明。颜料三原色相加只能得到一种黑浊色，而不是纯黑色。

间色是由两个原色混合得出的。间色也只有三种：色光三间色为品红、黄、青，有些彩色摄影书上称为“补色”，是指在色环上是互补的关系。颜料三间色即橙、绿、紫，也称第二次色。这种交错关系构成了色光、颜料与色彩视觉的复杂联系，也构成了色彩原理与规律的丰富内容。

复色是由两个间色或一种原色和其对应的间色相混合得出，亦称第三次色。复色中包含了所有的原色成分，只是各原色间的比例不等，从而形成了不同的红灰、黄灰、绿灰等灰调色，如图 1-2 所示。

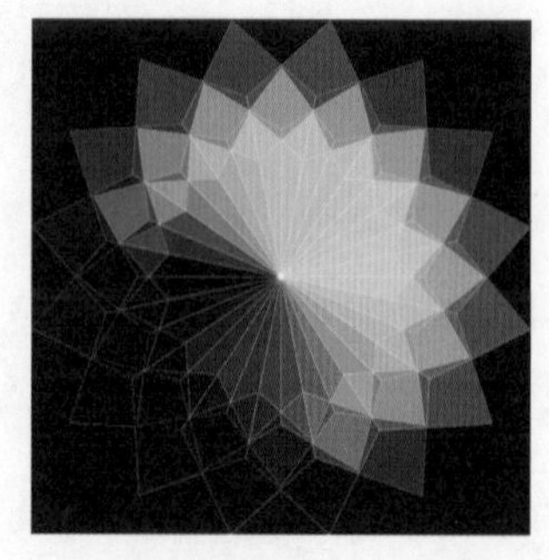

图 1-2

☆ 经验技巧

由于色光三原色相加得白色光，这样便产生两个后果：一是色光中没有复色，二是色光中没有灰调色，如两色光间色相加，只会产生一种淡的原色光。以黄色光加青色光为例，黄色光 + 青色光 = 红色光 + 绿色光 + 蓝色光 = 绿色光 + 白色光 = 亮绿色光。

1.1.3 色彩的属性

色彩的属性是指色彩具有的色相、饱和度、明度三种性质。属性是界定色彩感官识别的基础，灵活应用属性变化是色彩设计的基础，下面详细介绍色彩的属性方面的知识。

色相是指色彩的相貌，就是我们通常说的各种颜色，如红、橙、黄、绿、青、蓝、紫等。色相是区别各种不同色彩的最佳标准，它和色彩的强弱及明暗没有关系，只是纯粹表示色相相貌的差异。色相是色彩的首要特征，人眼区分色彩的最佳方式就是通过色相实现的。在最好的光照条件下，我们的眼睛大约能分辨出 180 种色彩的色相。在拍摄中，若能充分、有效地运用这一能力，将有助于我们构建理想的色彩画面，如图 1-3 所示。

饱和度是指色彩的鲜艳程度，是影响色彩最终效果的重要属性之一。饱和度也被称为色彩的纯度，即色彩中所含彩色成分和消色成分（也就是灰色）的比例，这个比例决定了色彩的饱和度及鲜艳程度。当某种色彩中所含的彩色成分多时，色彩就呈现饱和（色觉强）、鲜明的状态，给人的视觉印象会更强烈；反之，当某种色彩中所含的消色成分多时，色彩便呈现不饱和状态（色觉弱、灰度大），色彩会显得暗淡，视觉效果也随之减弱。原色的饱和度最高；混合的颜色越多，则混合后的色彩饱和度就越低。如饱和度极高的红色，在其中加入不同程度的灰后，其纯度就会降低，视觉效果也将变弱。

在所有可视的色彩中，红色的饱和度最高，蓝色的饱和度最低，如图 1-4 所示。

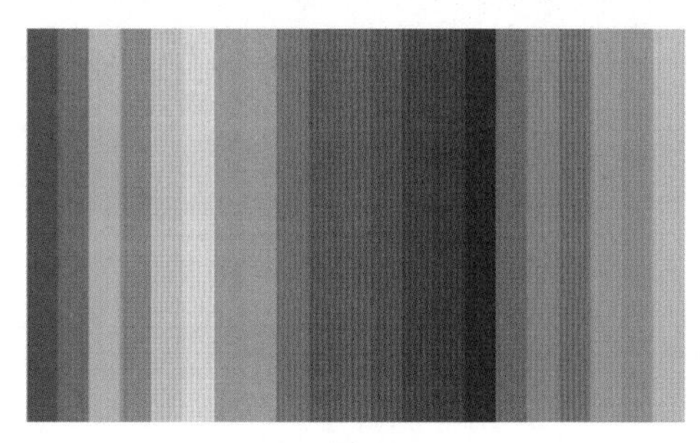

图 1-3

图 1-4

明度是指色彩的明暗程度。明度不仅取决于光源的强度，而且还取决于物体表面的反射系数。色彩的明度差别包括两个方面：一是指同一色相的深浅变化，如浅绿、中绿、墨绿；二是指不同色相存在的明度差别，这一点和饱和度一样，不同的色相明度是不一样的。在所有可视色彩中，黄色的明度最高，紫色、蓝紫色的明度最低，如图 1-5 所示。

☆ 经验技巧

每一种颜色都有自己的个性，若是一种一种去了解，估计在我们有限的生命里很难完成。虽然无法了解每一种颜色的个性，但我们可以了解它们的共性。色彩有三个属性，即色相、饱和度、明度。

图 1-5

1.1.4 色彩在网页中的应用

随着互联网的高速发展，越来越多的企业高度重视自身在互联网上的形象。当新产品面世时，都可能独立开发一个网页展示平台。网页在如今市场经济条件下的品牌传播作用较大，下面详细为大家讲解色彩在网页中应用方面的知识。

从基础环节方面，根据企业所在行业、VI、产品特性，确立色彩。原则上，力求网页色彩具有整体感。各个超链接在色彩上发生相互作用和过渡，要求这种相互作用和过渡是自然的、和谐的。

整体布局协调。一般情况下，布局之前，应该对网页色彩进行系统的规划和设计。在确立一个完整的视觉印象前提下，再根据内容的不同需要，做小范围的调整。一般情况下，网页包括 Flash 动画、GIF 动画、VI、导航条、图形图像等内容，这些内容的色彩使用，直接决定着人们对网页色彩的感官感受。通常要首先确立网页的背景色，在此基调的基础上进行微调，就能够获得很好的效果，如图 1-6 所示。

图 1-6

在提升环节的设计方面。一个网站带给访问者的感官感受很大程度上是由网页的色调决定的。色调作用于人的视觉和心理，通过与过去的经验、记忆或知识相联系，产生诸如进退、冷暖、轻重、软硬、华丽、朴素等不同感觉，进而容易使人产生各种复杂的心理情感。除色相变化能引起人的情感变化外，色彩的明度和纯度变化也能影响人的情感。高长调色彩配置明亮而明朗，能让人心情舒畅；高短调色彩配置色调高雅，给人以纯洁、柔和和明快的心理感受。低长调的色彩仿佛黑夜中的闪电，神秘又使人兴奋；低短调的色彩仿佛暗夜里的幽灵，低沉冷漠让人心情暗淡。不同的色调引发不同感觉和感情倾向，给网页设计带来了丰富的情感因素。

在整合环节的设计方面，应注意色彩与音乐的结合。为了最大程度地迎合访问者的感官感受需要，也为了更好地展现网页内容，在网页设计中，融入音乐这一元素已经成为主流。色彩因其自身形式规律的存在而具有自身的形式美感。这种形式感表现在色彩的调子、阶调、节奏、韵律上，与音乐的形式感有较多的共同性。网页色彩由于动画的存在，以及因浏览而产生页面的移动，更能体现出音乐流动的形式感。这就需要设计师去主动发现和控制色彩节奏和韵律，增强网页时间和空间的变化，使网页设计体现出生动感人的艺术魅力。

网页色彩的风格，受现代色彩观念的影响，色彩的丰富性从一开始就是网页设计的发展趋向。不同的色彩组合搭配构成不同风格的网页色彩设计。色彩风格的确立首先取决于网站的目标定位，网页的最终受众界定了色彩的倾向。只有符合受众审美需求的色彩风格，才能引起人们的情感共鸣。其次，色彩风格与网站的内容要能够相互呼应。要避免虽然美观但与网页内容相冲突的色彩风格，使内容与色彩风格有机地结合起来，更好地发挥色彩的内在力量，如图 1-7 所示。

图 1-7

☆ 经验技巧

网页色彩风格还带有鲜明的时代特征。通常采用独特的色彩手法，用象征、隐喻、幽默的装饰手段力求将现实和历史文化联系起来，创造出个性鲜明的网页设计作品。优秀的设计师应紧跟时代发展，能敏锐地发现色彩的审美变化和对色彩感情的影响，以此确立网页独具个性的色彩风格。

1.2 主题色、辅助色和点缀色

色彩搭配当中，最重要的三个概念就是主题色、辅助色和点缀色，本节将详细介绍相关知识。

1.2.1 主题色

主题色，顾名思义，是整幅作品的主要色彩，可以影响人对整个作品的感官印象。作品想要传达的感觉，主要是由主题色传达出来的，不可替代，换了别的颜色，整幅作品传达的主题就被改变了。针对这个定义，有 3 种区分主题色的方式。第一，在整个画面中，所占面积最大且纯度最高的色彩就是主题色。第二，在整个画面中，面积相对较大，但纯度低或者明度低的色彩，虽然面积不是最大，但在画面中人们一眼就看到的色彩，就是主题色。第三，有时也存在双主题色的情况。在这种情况下，两种色彩的面积是等量的，可以给人留下深刻的印象。双主题色的搭配，往往显得更具有个性。如图 1-8 所示，作品中蓝灰色和红色的面积是等量的，是双主题色搭配，去掉任何一种颜色，画面效果都会打折扣。

图 1-8

☆ 经验技巧

主题色可以决定整个作品风格，确保正确传达信息。当一种色彩成为主角的时候，它可以决定作品的文化方向。作品的主题色切记不能弄错，一旦出错，所传递的信息就相去甚远了。

1.2.2 辅助色

辅助色的功能是帮助主题色建立更完整的形象。若主题色本身已经很完美，那么没有辅助色也是可以的。一般情况下，选择辅助色有两个诀窍。

一是选择主题色的同类色，可达成画面统一和谐。例如，主题色是红色，辅助色可以选橙色，橙色的运用使红色更为突出，这是典型的同类色辅助色，也可以叫作背景色辅助色。这种搭配使整个画面显得极为和谐。

二是选择主题色的对比色，画面刺激、活泼，也很稳定。如图 1-9 所示，这里橙色和蓝色是对比色，整个画面具有强烈的视觉冲击效果，但画面整体又显得很稳定。

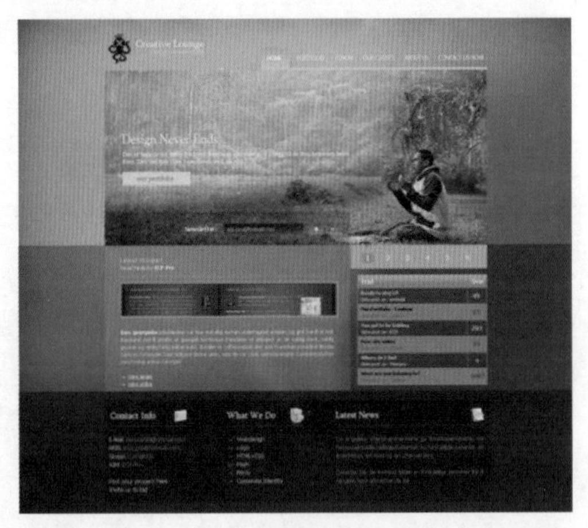

图 1-9

☆ 经验技巧

辅助色是辅助主题色塑造更完整的形象，使画面丰富精彩，使主题色更加漂亮；画面有了辅助色，会更突出主题色的优势，没有了它，整个画面会显得不完整。

1.2.3 点缀色

在一幅作品中，点缀色一般出现次数比较多，颜色跳跃，能引起阅读兴趣、与其他颜色反差较大。如图 1-10 所示，这幅作品中的点缀色是多个颜色，颜色跳跃，形成独有的风格，同时引导大家阅读下方的文字。

图 1-10

1.2.4 主题色、辅助色、点缀色的关系

色彩搭配当中，主题色、辅助色、点缀色的关系要掌握得恰到好处，正是有了主题色作为基调，辅助色与点缀色才使得整个画面变得美妙。而这三者的差异在于在画面上所占的面积大小和地位不同。主题色，毫无疑问就是最主要的颜色，通常就是在色彩中占据面积最多的色彩，若将其标准化，需要占到全部面积的 50% ～ 60%。主题色是整幅画面的基调，决定了画面的主题，辅助色和点缀色都需要围绕着它来进行选择与搭配。而且只有当辅助色和点缀色与主题色协调时，整幅画面才会看起来和谐而美好。

辅助色，顾名思义，是辅助主题色，与之进行搭配的颜色，其主要目的就是辅助和衬托主题色，会占据画面面积的 30% ～ 40%。正常情况下，辅助色比主题色略浅，不然的话会给人一种头重脚轻、喧宾夺主的感觉。比如主题色是深蓝色，辅助色可能会使用绿色进行搭配。

点缀色的作用就是画龙点睛，其面积一般只占到整个画面的 15% 以下。点缀色的面积虽小，但却是画面中最吸引眼球的“点睛之笔”。

所以说，一幅完美的画面需要有恰当的主辅色的搭配，而且以能使人眼前一亮的点缀色“点睛”，如图 1-11 所示。

图 1-11

1.3 色彩的对比

色彩的对比包含明度对比、纯度对比、色相对比、面积对比和冷暖对比，本节将详细介绍色彩对比方面的知识。

1.3.1 明度对比

明度对比是色彩的明暗程度的对比，也称色彩的黑白度对比。明度对比是色彩构成最重要的因素，色彩的层次与空间关系主要依靠色彩的明度对比来表现。一幅图案，若只有色相对比而无明度对比，图案的轮廓形状难以辨认；若只有纯度对比而无明度对比，图案的轮廓形状更难辨认。因此，色彩的明度对比是十分重要的，如图 1-12 所示。

图 1-12

☆ 经验技巧

色彩间明度差别的大小，决定明度对比的强弱。3° 差以内的对比称为明度弱对比，又称短调对比；3° ～ 5° 差的对比称为明度中对比，又称为中调对比；5° 差以上的对比称为明度强对比，又称为长调对比。

1.3.2 纯度对比

不同的色相不仅明度不同，纯度也不同。有了纯度的变化，才使世界上有如此丰富的色彩。同一色相如果纯度发生了细微的变化，也会带来色彩性格的变化。

一个鲜艳的红色与一个含灰的红色并置在一起，能比较出它们在鲜浊上的差异。这种色彩性质的比较，称为纯度对比。纯度对比，既可以体现在单一色相中不同纯度的对比中，也可以体现在不同色相的对比中，纯红和纯绿相比，红色的鲜艳度更高；纯黄和纯绿相比，黄色的鲜艳度更高。黑色、白色与一种饱和色相对比，既包含明度对比，亦包含纯度对比，是一种很醒目的色彩搭配，如图 1-13 所示。

图 1-13

☆ 经验技巧

色彩中的纯度对比，纯度弱对比的画面视觉效果比较弱，形象的清晰度较低，适合长时间及近距离观看。纯度中对比是最和谐的，画面效果含蓄丰富，主次分明。纯度强对比会出现鲜的更鲜、浊的更浊的现象，画面对比明朗、富有生气，色彩认知度也较高。

1.3.3 色相对比

色相环上任何两种颜色或多种颜色并置在一起时，在比较中呈现色相的差异，从而形成的对比现象，称之为色相对比。根据色相对比的强弱可分为：“同一色相”对比在色相环上的色相角度差在 15° 以内，“临近色相”对比在 30° 以内，“类似色相”对比在 60° 以内，“对比色相”对比在 120° 以内，“互补色相”对比大概在 180° 。

色相对比时，如果周围的颜色与图案面积比很大，明度越是接近，效果就会越明显，对比感也会有增加的感觉。另外，用高纯度的色相系列进行组合，对比效果也会更明显，如图 1-14 所示。

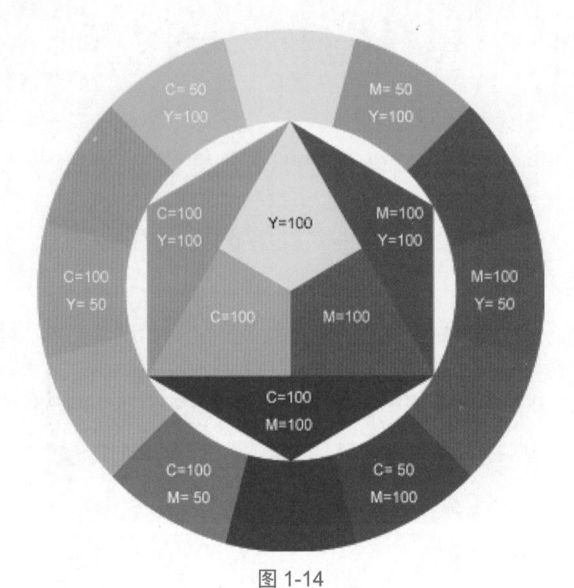

图 1-14

1.3.4 面积对比

将两个强弱不同的色彩放在一起，若要得到对比均衡的效果，必须以不同的面积大小来调整。一幅画面中，为了达到一定的视觉效果，相对来说，弱色占大面积，强色占小面积。色彩强弱的对比，可以用明度和纯度来判断，这种现象称为面积对比，如图 1-15 所示。

图 1-15

1.3.5 冷暖对比

冷暖对比是色彩对比中比较明显的一种形式，也是比较相对的一种结构形式，色彩的冷暖对比不可能孤立存在，其中色相、明暗等色彩因素必然与之相伴。

冷暖对比是相对而言的，比如说：绿色放在黄绿色中，绿色成为冷色，把绿色放在蓝色中，绿色看起来会感觉变暖。冷暖对比也有强弱之分，冷暖属性越邻近的颜色其冷暖对比就越弱，到达冷暖两极则形成冷暖的最强对比，如图 1-16 所示。

图 1-16

☆ 经验技巧

在服装、建筑、家居、美术、广告等设计中越来越多地运用对比色，在艺术设计中对比色的应用也越来越重要了。像黑白、红绿、蓝黄等经典对比色更是在各行各业频繁使用。

1.4 色彩的作用

随着社会的发展，影响人们对颜色感觉联想的物质越来越多，人们对于颜色的感觉也越来越复杂，本节将详细介绍色彩作用方面的知识。

1.4.1 红色

红色是生命、活力、健康、热情、朝气、欢乐的象征。由于红色在可见光谱中光波最长，所以最为醒目，给人视觉上一种迫近感和扩张感，容易引发兴奋、激动、紧张的情绪。红色的性格强烈、外露，饱含着一种力量和冲动，其中内涵是积极的、前进向上的，为活泼好动的人所喜爱。

由于色相、明度、纯度的不同，不同红色用在服饰上会产生不同的心理效应，如大红的热情向上，深红的质朴、稳重，紫红的温雅、柔和，桃红的艳丽、明亮，玫瑰红的鲜艳、华丽，葡萄酒红的深沉、幽雅，尤其是粉洋红给人以健康、梦幻、幸福、羞涩的感觉，富有浪漫情调，如图 1-17 所示。

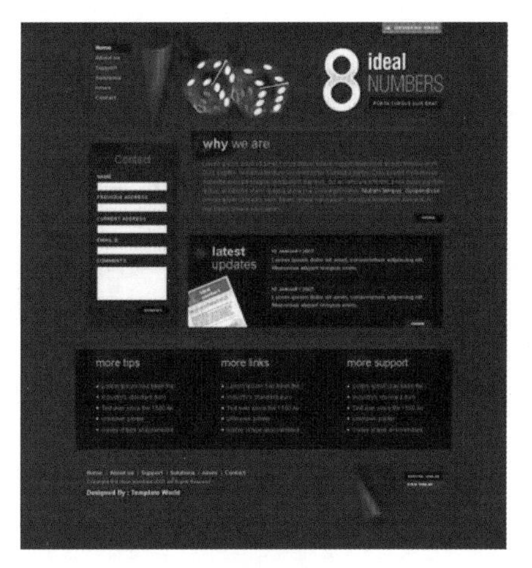

图 1-17

1.4.2 橙色

橙色作为柑橘类水果的颜色可以传达夏天、太阳、维生素 C 和健康的概念，也会联系到秋天和变化：在秋天叶子从绿色转变成橙色然后是褐色。

可以使用橙色作为前景颜色来高亮重要的元素或者作为一个主要的背景色来传达一种热情、活跃和热烈的感觉。不用刻意突出，橙色就能产生巨大的效果。

红橙色是高度充满活力和激情的颜色，而更温和的黄橙色就比较缓和和低调。黑色和橙色在大自然中出现在南瓜中，所以这两个颜色和万圣节有很亲密的联系。蓝色和橙色搭配很流行。绿色和橙色搭配可以表达出炎热的感觉。而橙色和高贵的紫色搭配则非常抢眼而不会产生不和谐的感觉，如图 1-18 所示。

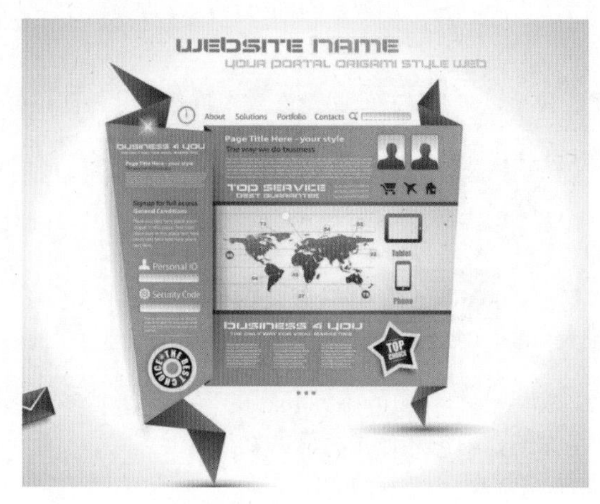

图 1-18

▶ 1.4.3 黄色

就像橙色和红色，黄色也是一种暖色，有大自然、阳光、春天的含义，而且通常被认为是一个快乐和有希望的色彩。

黄色是一个高可见的色彩，因此它被用于健康和安全设备以及危险信号中。这个高可见色彩是明显引人注目的，但是在屏幕中可能过于吸引眼球，而位于白色背景中的黄色看起来非常吃力。虽然前面提到了黄色的很多正面含义，但是它也会与懦弱和欺骗相联系。

使用黄色有几个变化，从淡黄色到柠檬色再到金黄色。黄色作为暗色调的伴色非常好。它可以极大地点亮一个黑色的设计，而且可以有类似于红色和橙色的那种不用加粗就可以吸引目光的效果。黄色和蓝色是一个流行的组合，黄色可以唤醒低调的蓝色从而创建高对比度。

紫色是黄色的互补色，也是一个高对比的组合。对于更接近泥土色彩的色彩方案，可以混合黄色和棕色以及苔绿色和橄榄绿。结合浅绿色和橙色，黄色可以创建一个柑橘或者水果类的色盘。黑色和黄色可以组合起来以创建一个工业化的视觉效果，如图 1-19 所示。

图 1-19

▶ 1.4.4 绿色

绿色有准许行动之意，因为交通信号灯中绿灯亮代表可通行。绿色通道是其引申词，意为快捷方便，一路畅通无阻，由 20 世纪 80 年代起推出的紧急出口标记也普遍使用绿色。

绿色可以起保护色的作用，所以陆军和野战部队通常用绿色制服。世界上大多数国家的陆军军服颜色都是以绿色为基调。避难、卫生和救护等事项往往用绿色表示。

柠檬绿可以让一个设计很“潮”，橄榄绿则更显平和，而淡绿色可以给人一种清爽的春天的感觉。用蓝色搭配绿色可以传递一种水的感觉。添加米色或者褐色则可以展现一种泥土的气息。白色加绿色能产生新鲜和户外的感觉。紫色和绿色是奇妙的搭配，紫色神秘又成熟，而绿色代表的是希望和清新，如图 1-20 所示。

图 1-20

1.4.5 蓝色

蓝色是最冷的色彩。蓝色非常纯净，通常让人联想到海洋、天空、水、宇宙。纯净的蓝色表现出一种美丽、冷静、理智、安详与广阔。由于蓝色沉稳的特性，具有理智、准确的意象，在商业设计中，强调科技、效率的商品或企业形象，大多选用蓝色作为标准色、企业色，如计算机、汽车、复印机、摄影器材等等；另外蓝色也代表忧郁，这是受了西方文化的影响，这个意象也运用在文学作品或感性诉求的商业设计中。

蓝色还有大海的象征。代表着沉稳与女性气质。喜欢蓝色的人性格上都很沉着稳重，而且诚实，很重视人与人之间的信赖关系，能够关照周围的人，与人交往彬彬有礼。蓝色代表博大胸怀，永不言弃的精神，还能表现和谐世界。

天蓝：最浅的蓝，几乎不含有红的痕迹，好像天空的清冷。代表“初始”的颜色，是生物在年轻时的代表。在心理暗示上，天蓝色和粉红色一样，都是“安抚色”，是令人安静并放松的颜色。

湖蓝：深邃的蓝色，却又带着跳脱的亮光，美丽得像是沉浸在无尽的静谧中的湖水，代表着“等待”。在心理暗示上，是禁语的颜色，在充斥这样颜色的地方，人们的对话通常都会减少。

宝石蓝：在传说中希望女神的原型就是一颗蓝色的钻石。所以像宝石一样的靓丽幽蓝就成了“希望”的代名词。在心理上，宝石蓝和紫色一样，都会给人高贵的感觉，并且能引起人们的注意，如图 1-21 所示。

图 1-21

1.4.6 紫色

紫色，用得好的话可以很醒目和时尚。紫色是一个神秘且富贵的色彩，与幸运和财富、华贵相关联，也和宗教有关，比如复活节和紫色的法衣。但非常有趣的是，在基督教教堂网页中，并没有大量的紫色。

在心理上，紫色带给人安全感和梦幻感。

因为紫色跨越了暖色和冷色，所以可以根据所结合的色彩创建与众不同的情调。带些红色的深紫色可以产生一个暖色盘。浅紫色则会使人联想到浪漫。

当结合粉色的时候，可以创建一个很女性化的色盘。一个比较男性化的色盘可以使用黑紫色。泥土和自然的色彩可以结合深紫色和浅褐色或者亮紫色和绿色。黄色和紫色是对比色，可以创建强对比度的色盘，如图 1-22 所示。

图 1-22

1.4.7 黑、白、灰

黑、白、灰能很好地体现高级感，奢侈品的产品、海报中大量运用了黑、白、灰配色。

由于黑、白、灰的简洁、现代、高级感，科技产品的页面中很多是黑、白、灰配色。黑、白、灰搭配，比单一的黑色更能体现高档、奢华的格调，更能体现出尊贵感，经常用在超级 VIP、地产楼盘中。

如果大面积单一地使用灰色，容易出现沉闷、呆板、压抑的感觉。加入其他色彩能够有效改善这一点。

白色给人的感觉是纯洁、简洁、干净，如图 1-23 所示。

图 1-23

1.5 色彩搭配基础

色彩搭配基础包含网页配色的注意事项、基于色相的配色关系、基于色调的配色关系、配色时选择双色和多色组合、尽可能使用两至三种色彩搭配以及如何快速实现完美的配色，本节将详细介绍色彩搭配基础方面的知识。

1.5.1 网页配色的注意事项

尽管三原色可以搭配出无数颜色，可不是所有的颜色都适用于网页设计，不同的颜色在搭配上也有着其中的学问。网页设计就相当于平面设计，网页设计师可以将平面设计中的审美观点套用到网页设计上来，所以平面设计上的审美的观点在网页设计上也同样适用。

在网页设计中，对于色彩的使用特别忌讳脏、纯、跳、花、粉这几种情形。忌脏是指：背景与文字内容对比不强烈，灰暗的背景令人沮丧；忌纯是指：艳丽的纯色对人的刺激太强烈，缺乏内涵；忌跳是指：再好看的颜色，也不能脱离整体；忌花是指：要有一种主题色贯穿其中，主题色并不一定是面积最大的颜色，而是最重要，最能揭示和反映主题的颜色，就像领导者一样，虽然在人数上居少数，但起决定作用；忌粉是指：颜色浅固然显得干净，但如果对比过弱，则显得苍白无力了，就像患绝症的病人一样无可救药。

另外，蓝色忌纯，绿色忌黄，红色忌艳。当然，作为网页设计师，我们最需要时刻提醒自己的是不要为了设计而设计。一个优秀的网站，会给用户非常直观、简洁、明了的体验和简明的导航，如图 1-24 所示。

图 1-24

1.5.2 基于色相的配色关系

图 1-25 为以色相环中的红色为基础进行的配色方案分析。采用不同色调的同一色相时，称之为“同一色相配色”；而采用两侧相近颜色时，称之为“类似色相配色”。

类似色相是指在色相环中相邻的两种色相。同一色相配色与类似色相配色总体上会给人一种安静整齐的感觉，例如在鲜红色旁边使用了暗红色时。

在色相环中位于红色对面的青绿色是红色的补色，补色的概念就是完全相反的颜色。在以红色为基准的色相环中，蓝紫色到黄绿色范围之间的颜色为红色的相反色相。相反色相配色是指搭配使用色相环中相距较远颜色的配色方案，这与同一色相配色或类似色相配色相比更具变化感。

当主要基于色相策划了一个配色方案时，获得的效果通常会比较华丽明艳。很多民族服饰和儿童服装采用的都是典型的基于色相的配色方案，这种配色方案在拉丁美洲与亚洲的使用最为广泛。

出色的色相配色方案可以营造出整齐的氛围或突出各种颜色效果。适当地搭配好补色可以突出显示颜色并给人轻快的感觉；适当地搭配好类似色相，可以获得整齐、宁静的效果，如图 1-25 所示。

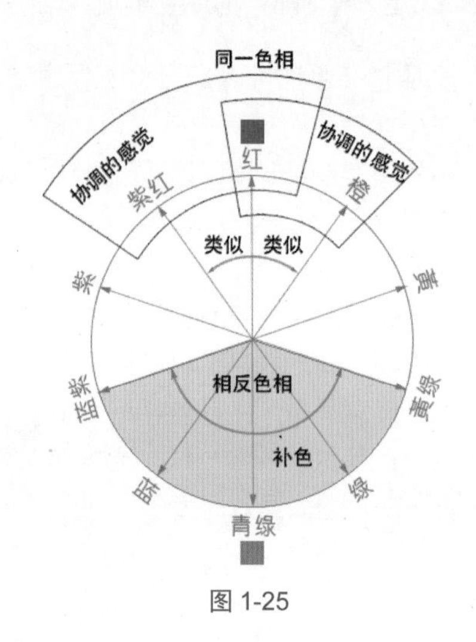

图 1-25

1.5.3 基于色调的配色关系

图像的基准色调为“苍白”色调。同一色调配色是指选择同一色调不同色相颜色的配色方案，例如使用“鲜红色”与“鲜黄色”的配色方案。类似色调配色是指使用如“清澈”“灰亮”等类似基准色调的配色方案，这些色调在色调表中比较靠近基准色调。相反色调配色是指使用如“深暗”“黑暗”等与基准色调相反色调的配色方案，这些色调在色调表中远离基准色调。

这种配色方案的着重点在于色调的变化，主要通过对同一色相或类似色相设置不同的色调得到不同的颜色效果。

基于色调的配色方案的优点在于，通过使用同一色相或类似色相尽可能地减少色相使用范围。

这种配色方案在欧洲得到较好发挥，而大部分国家的纸币也使用了这种配色方案。

通过使用多种不同的亮色调，可以制造出具有鲜明对比感的效果；而使用多种不同的暗色调，可以制造出冷静、温和的效果，如图 1-26 所示。

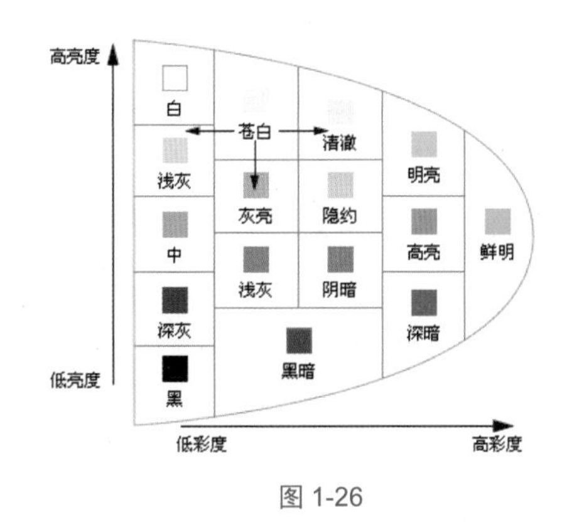

图 1-26

1.5.4 配色时选择双色和多色组合

色彩可以说是产品的另一种语言，不同颜色表达不同的情感和特性，色彩搭配更是塑造了人们对品牌的感知。

双色配色通常是表现品牌最常用的方案之一，对比单色配色，双色配色更生动丰富，主题色加辅助色的明暗配比的调整，可以相互撞色，亦可相辅相成。

多色配色指由两种以上颜色构成的配色方案。多色配色中可能存在不止一种主题色，多种主题色加多种辅助色的组合方式，使得这种配色方案更难运用，当然，恰到好处的颜色配合更加高级，能营造出独一无二的品牌气质，如图 1-27 所示。

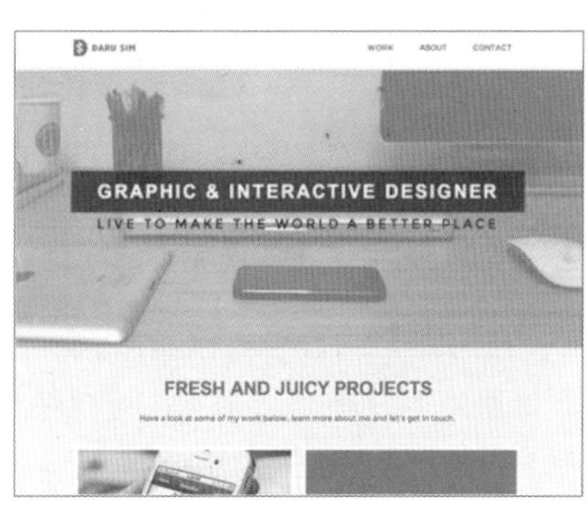

图 1-27

1.5.5 尽可能使用两至三种色彩搭配

在网页设计之初，首先要考虑的就是这个网站要确定的颜色，一般会根据网站的类别和确定的网页进行大致颜色取向。在页面上，除白色为背景外，大量使用的颜色，就是这个网页的主题颜色。

比如农业类网站，一般都会选择绿色；艺术类的网站，大多会选择色彩张扬的颜色或黑色；工商类网站很多选择使用红色。因此，不同的颜色能带给人不同的感觉，同时使浏览者感受到设计者的情感。每种色彩在饱和度或透明度上发生略微改变时，就会让人的心境产生不同的变化。

在网页设计配色时，尽量控制在三种色彩以内。在选择了主题色之后，再配以相近的配色，如黄色配淡黄色，深粉色配淡粉色，这样容易让网页色彩和谐统一。

网页头部：可以采用与主题色的反色，一般采用深色，放在浏览者第一时间能看到的位置。

正文：网页的正文部分要求对比度要高一些，比如白底配深灰色文字，黑底配淡灰色文字。

导航栏：选择深色的背景色和背景图像，再配以反差大的文字颜色，让导航能清晰、准确地引导浏览者，如图 1-28 所示。

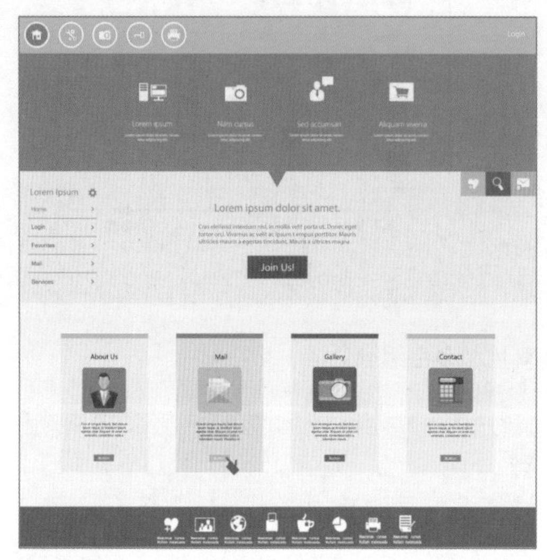

图 1-28

1.5.6 如何快速实现完美的配色

面积调和：我们可以通过面积的增大或减少来达到调和的目的。在具体的设计中，尽量避免 1∶1 的色彩对立，可以使用 5∶3、3∶2、3∶1，效果会比较好，当然也可以根据具体的对象来调整色彩分配。

点缀色调和：在进行图案设计的时候，可以采用点缀色来进行色彩调和，通过互相点缀对方，来形成视觉感舒适的图案。

互混调和：有时候我们使用了两种色彩，但是这两种色彩很难融合在一起，这时我们可以通过添加过渡色来辅助配色，使原本的色彩得到调和和保证视觉美观。

隔色调和：当画面中使用了浓郁或者强烈的色彩时，这时可以运用黑色、白色、灰色、金色等色线隔离它们，使之相互之间既关联又隔离，达到统一调和。

秩序调和：是指通过渐变的色彩来达到调和目的，通过有条理或等差、有韵律的效果，使之前的色彩关系变得调和。

统一调和：运用同色相的色彩、同明度的色彩、同饱和度的色彩，来达到色彩调和，也是最常用的色彩搭配方法，如图 1-29 所示。

图 1-29

第2章

网页构成与布局

本章要点

- 网页的构成
- 网页的色彩
- 网页常用布局方式
- 网页版面设计常用技巧

本章主要内容

本章将主要介绍网页构成、网页色彩方面的知识与技巧，同时还将讲解网页常用的布局方式，在本章的最后针对实际的工作需求，还将讲解网页版面设计的常用技巧。通过本章的学习，读者可以掌握网页构成与布局方面的知识，为深入学习网页配色奠定基础。

2.1 网页的构成

网页的构成包含网页标题、网页的尺寸、网站的 Logo、网页页眉、网页页脚、网页导航和网页的主体内容，本节将详细介绍网页构成方面的知识。

2.1.1 网页标题

网页标题是对一个网页的高度概括。一般来说，网站首页的标题就是网站的正式名称，而网站中文章内容页面的标题就是文章的题目，栏目首页的标题通常是栏目名称。当然这种一般原则并不是固定不变的，在实际工作中可能会有一定的变化，但无论如何变化，总体上仍然会遵照这种规律。

一般情况下，网页的标题设计需要既简洁又醒目，要能概括主要信息，尤其是技术性文章更要这样。为了吸引读者，可能还要更加有创意，更加有诱惑力，例如一些娱乐八卦的文章标题。

起标题时还需要站在一个搜索者的角度思考，想想对于那些在寻找问题解答的人来讲，他们在使用百度或者谷歌等搜索引擎时的情况。如果极少人甚至没有人会想到用这个标题来查找信息，那么建议更换标题。

最后，网页的标题还需要符合搜索引擎检索的需要。

每一个网页都应该有一个能正确描述该网页内容的独立的标题，正如每个网页都应该有一个唯一的 URL 一样，这是一个网页区别于其他网页的基本属性之一。然而，相关调查发现，在企业网站中只有 14.5% 的网站为每个内容页面设计相应的标题，其他超过 85% 的企业网站中所有的网页都共用一个网页标题，通常为企业名称或者企业名称缩写，其中有些网站甚至没有网页标题，如图 2-1 所示。

图 2-1

☆ 经验技巧

在浏览一个网页时，通过浏览器顶端的蓝色显示条出现的信息就是“网页标题”。在网页 HTML 代码中，网页标题位于 <head> </head> 标签之间。

2.1.2 网页的尺寸

在网页设计中，宽度的设置是没有绝对固定值的，而是根据我们的需求出发。这里做个详细的网页宽度设置。

网页的宽度主要分为以下两种。

定宽：内容区域宽度固定。

自适应：内容区域宽度跟随浏览器变化。

定宽是我们日常最常见的形式，主流的宽度有 960px、980px、1190px、1210px 等。

在定义网页宽度时，我们要考虑的第一件事是我们的受众使用的显示器的分辨率。大家都知道，显示器基本都是从 1024px 起始的，即使今天这个分辨率的显示设备已经很稀有了，要根据客观条件考虑自己要支持最低的分辨率。如为一些特定的企业设计 Web 管理系统，应用的设备统一是 1440px 宽以上的，那么我们就要将这个宽度作为设计的标准开始设计设计稿。

最简单的定宽长度设置：宽度 = 支持最小宽度 - 左、右留白

如果设计自适应宽的页面，可以先选用一个合适的宽度作为基础，如 1440px、1920px 等，给出模块拉伸的方案，然后给出最小宽度效果、超出时的应对措施。

要设计出切实可行的方案，是需要设计师完全熟悉 HTML5+CSS3 和基础 JavaScript 的，还需要考虑过大的宽度适应下配图的清晰度和读取效率问题。空谈自适应和响应式布局绝对是浪费团队时间的做法，如图 2-2 所示。

图 2-2

☆ 经验技巧

还需要做一些说明的是，即使我们采用了定宽的模式，也可以在特定的模块使用自适应模式进行组合，常见的就是网页的头部和底部，还有部分带有背景色、图案的模块。

2.1.3 网站的 Logo

在计算机领域，Logo 是标志、徽标的意思。是互联网上各个网站用来与其他网站超链接的图形标志。

如果需要让其他人走入你的网站，必须提供一个让其进入的门户。而 Logo 图形化的形式，特别是动态的 Logo，比文字形式的超链接更能吸引人的注意。在如今争夺眼球的时代，这一点尤其重要。

Logo 即是网站的名片。而对于一个追求精美的网站，Logo 更是它的灵魂所在，即所谓的“点睛”之处。

一个好的 Logo 往往会反映网站及制作者的某些信息，特别是对一个商业网站来说，我们可以从中基本了解到这个网站的类型或者内容。在一个布满各种 Logo 的超链接页面中，这一点会突出地表现出来。想一想，你的受众要在一大堆的网站中寻找自己想要的

特定内容的网站时，一个能让人轻易看出它所代表的网站的类型和内容的 Logo 会有多重要。

一个好的 Logo 应具备以下几个条件：符合国际标准、精美、独特，与网站的整体风格相融，能够体现网站的类型、内容和风格，这是一个网站 Logo 最需要具备的，如图 2-3 所示。

图 2-3

2.1.4 网页页眉

页眉（Header）是显示在网站中网页顶部的文本块和图像，是网站访问者在网页中看到的第一个元素，因此创建具有吸引力而且与业务和品牌相关的页眉是网站设计中非常重要的部分。

页眉是网站入口的第一道关，那么，就需要用优雅的设计来吸引访问者，提高他们对网站的兴趣。这样就直接让用户清楚这个网站是否是他需要的，是否达到他来访的期望值。

以照片为页眉，简单且有效，作为网站的“脸面”是很优雅的。页眉是进入网站第一个被凝视的地方，这种元素可以极大地改变用户体验。一个好的静态照片就足以给人留下很好的第一印象。

以页眉图片作为背景，加入一些产品描述或者网站主体的信息介绍，这种设计风格既让人清晰了解网站的内容，也有一种号召力。

由图片集组成页眉，更适于时尚网站、网络商铺，或者介绍美食的网站。这种幻灯片的播放让用户仿佛置身于产品展示的现场，如图 2-4 所示。

图 2-4

☆ 经验技巧

页眉图片设计在近几年呈上涨趋势。不管是静态的还是动态的，大的还是小的网站设计，只要你有自己的风格，有创造力，只要你能不断激发出自己的想法，你就可以设计出更好的主题，更好的网页。

2.1.5 网页页脚

很多网页建设的时候并不注重网页的页脚，规划网页的时候也没有去着重思考。俗话说“穿好鞋，行万里路”，网页的页脚也是网页的重要组成部分，一个好的页面尾部可以提高网页的品牌形象和转化率。那么，网页的页脚是由哪些部分组成的呢？

1. 网站 Logo

网页页脚常用的颜色有品牌色、黑色、灰色、白色等纯色。如果底色是纯色，那我们可以使用反白 Logo；相反，如果底色是白色，我们可以使用彩色 Logo。当然，我们也可以选择不展示 Logo。

2. 网站导航信息

页脚的导航信息有两种做法，普通的做法是把网站的一二级栏目罗列出来，还有一种只是展示一些重要的信息。

3. 企业联系信息

页脚还可以放一些企业联系信息，如企业的工作时间、客服电话、地址等。

4. 网页版权声明

进行网页定制的客户知道，自己花钱定制的网页不被人轻易地克隆走。因此，有实力的公司可以在页脚放一个律师事务所的保护声明。

5. 网页备案信息

网页备案信息是必须有的。现在经常看到的网页备案信息有 ICP 备案、ICP 许可证、公安局备案。

6. 网页友情链接

很多的企业网页是有专门的优化团队进行推广优化的，优化人员一般会将友情链接放到页脚底部。

以上信息内容就是网页经常出现的信息。也有很多网页会加入在线订阅、在线留言、新闻动态等信息，企业可以根据自己的需求进行内容取舍，如图 2-5 所示。

图 2-5

▶ 2.1.6 网页导航

由于人们习惯于从左到右、从上到下地阅读，所以主要的导航条应放置在页面左边。对于较长页面来说，在底部设置一个简单导航也很有必要。

确定一种满意的模式之后，最好将这种模式应用到同一网站的每个页面，这样，浏览者就知道如何寻找信息。

网页导航表现为网页的栏目菜单设置、辅助菜单、其他在线帮助等形式。网页导航是在网页栏目结构的基础上，为用户浏览网页提供的提示系统。由于各个网页设计并没有统一的标准，不仅菜单设置各不相同，打开网页的方式也有区别，有些是在同一窗口打开新网页，有些是再新打开一个浏览器窗口。仅有网页栏目菜单有时会让用户在浏览网页过程中迷失方向，如无法回到首页或者上一级页面等，还需要辅助性的导航来帮助用户方便地使用网页信息。

主导航一般位于网页页眉顶部，或者 banner 下部。第一时间引导用户指向他所需要的信息栏目。

次导航一般位于网页的两侧。当用户需要浏览网页的时候，想去别的栏目看看，可以通过次导航进入其他栏目，如图 2-6 所示。

图 2-6

☆ 经验技巧

什么是面包屑导航？面包屑导航是一个位置导航，可以让用户清楚地知道自己所在网站的位置。面包屑导航是显示用户在网站或网络应用中的位置的一层层指引的导航。

▶ 2.1.7 网页的主体内容

在设计网页时，我们应该组织页面的基本元素，同时配合一些特效，形成一个色彩丰富的网页。网页的主体内容由文本、图像和超链接组成。内容是网站的灵魂，文本是网站灵魂的物质基础。文本和图像在网站中使用最广泛。具有丰富内容的网站将不可避免地使用大量文本和图像，然后将超链接应用于文本和图像，以使这些文本和图像“生动”。

文本是网页的主体。虽然 Flash 和图形文本可以达到同样的效果，即使超出了纯文本的效果，Web 文本的优点也无法替代。因为纯文本的存储空间非常小。

但是，在页面上使用相同的字体会使页面过于僵化。正确调整页面中文本的大小和颜色也可以提高页面的效果。

图像的视觉效果比文字的视觉效果强得多。灵活应用图像可以在网页中起到修饰作用，但使用不当会使网页变得混乱。网页中的图像主要是 JPG 和 GIF 格式，因为它们不仅具有足够的压缩比例，而且还具有跨平台特性。

超链接是互联网中最有趣的网页对象。点击网页中的链接对象可以实现不同页面之间的跳转，或链接到其他网站，还可以下载文件和发送电子邮件。网页是否可以实现如此多的功能取决于超链接的规划。文本和图像都可以用超链接标记。在一个完整的网站中，至少包括现场链接和站点外链接，如图 2-7 所示。

图 2-7

☆ 经验技巧

在网页设计中，还可以在页面上为字体添加颜色，以强调页面的焦点并使页面更加华丽。但我们必须注意色彩搭配。不能在页面上使用太多的颜色，太华丽会引起用户的厌恶。

2.2 网页的色彩

一个成功的网页设计，离不开色彩的搭配，其中包含 RGB 色彩模式和网络安全色的应用，本节将详细介绍网页色彩方面的知识。

2.2.1 RGB 色彩模式

RGB 色彩模式是工业界的一种颜色标准，是通过对红（R）、绿（G）、蓝（B）三种颜色通道的变化以及它们相互之间的叠加来得到各式各样的颜色。RGB 即是代表红、绿、蓝三个通道的颜色，这个标准几乎包括了人类视力所能感知的所有颜色，是目前运用最广的颜色系统之一。

由于网页（Web）是基于计算机浏览器开发的媒体，所以颜色以光学颜色 RGB（红、绿、蓝）为主。网页颜色是以 16 进制代码表示，一般格式为 #DEFABC（字母范围从 A ～ F，数字从 0 ～ 9）；如黑色，在网页代码中便是 #000000。当颜色代码为 #AABB11 时，可以简写为 #AB1 表示，如 #135 与 #113355 表示同样的颜色。

RGB1、RGB4、RGB8 都是调色板类型的 RGB 格式，在描述这些媒体类型的格式细节时，通常会在 BITMAPINFOHEADER 数据结构后面跟着一个调色板。它们的图像数据并不是真正的颜色值，而是当前像素颜色值在调色板中的索引，如图 2-8 所示。

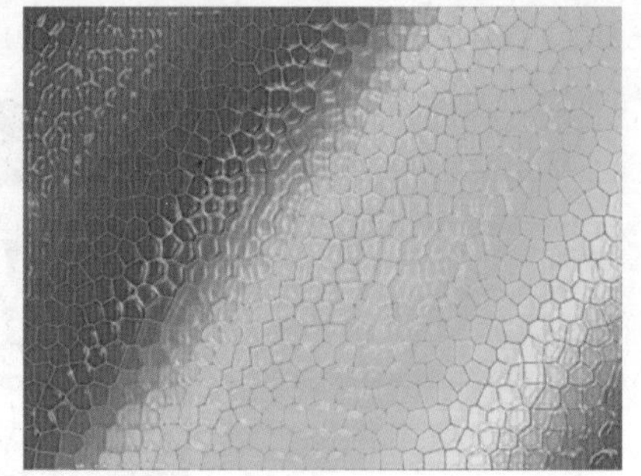
图 2-8

2.2.2 网络安全色

在网络设计中，由于终端显示设备、操作系统、显示卡以及浏览器等的不同，即使是一模一样的颜色，也会有不尽相同的显示效果。当一个经验较少的设计师在网页设计中使用了非常合理、非常美观漂亮的网页配色方案时，色彩会受到外界因素的影响，每个人观看的效果都有可能不同，因此，网页配色方案想要烘托的网站主题就无法一致性地传达给用户。我们要通过什么方法才能解决这一问题呢？

最早使用互联网的一些发达国家花费了很长的时间探索这一问题的解决方法，终于发现了 216 网页安全色彩。

网络安全色最大的特点是可以让用户直观对比观察 216 种颜色间的亮度和彩度差异，且排列颜色时使用的自然渐变式排列方法，使用户能够更方便地选择需要的目标颜色。

216 网页安全色彩是指在不同的硬件环境、不同的操作系统、不同浏览器中都能够正常显示的色彩集合，也就是说在任何浏览用户显示设备上都能显示相同效果的色彩。使用 216 网页安全色彩进行网页配色可以避免失真问题。

216 网页安全色彩不需要特别记忆，很多常用的网页设计软件中都已携带有 216 网页安全色彩调色板，如图 2-9 所示。

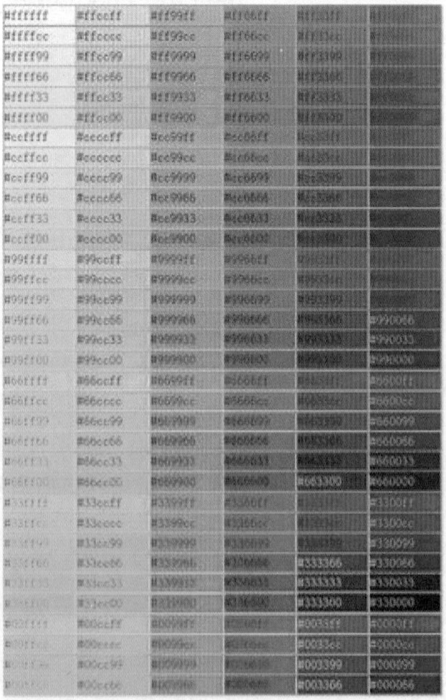

图 2-9

2.3 网页常用布局方式

网页的常用布局方式有“国”字型布局、拐角型布局、封面型布局、对称型布局、Flash 动画型布局、上下框架型布局和标题正文型布局，本节将详细介绍网页常用布局方式方面的知识。

2.3.1 “国”字型布局

“国”字型布局也可以称为“同”字型，是一些大型网站所喜欢的类型，即最上面是网站的标题以及横幅广告条，接下来就是网站的主要内容，左右分别为两小条内容，中间是主要部分，与左右一起罗列到底，最下面是网站的一些基本信息，如联系方式、版权声明等。这种结构是我们在网上见到的差不多最多的一种结构类型，如图 2-10 所示。

图 2-10

☆ 经验技巧

采用“国”字型布局的一般是比较中规中矩的网页，大部分的网页采用的是“国”字型，表达的语言更加让读者容易阅读。

2.3.2 拐角型布局

拐角型布局与上一种布局只是形式上的区别，其实是很相似的。该布局上面是标题及广告横幅，接下来的左侧是一列链接等内容，右面是很宽的正文，最下面也有一些网站的辅助信息。在这种布局中，左侧一般是导航链接，如图 2-11 所示。

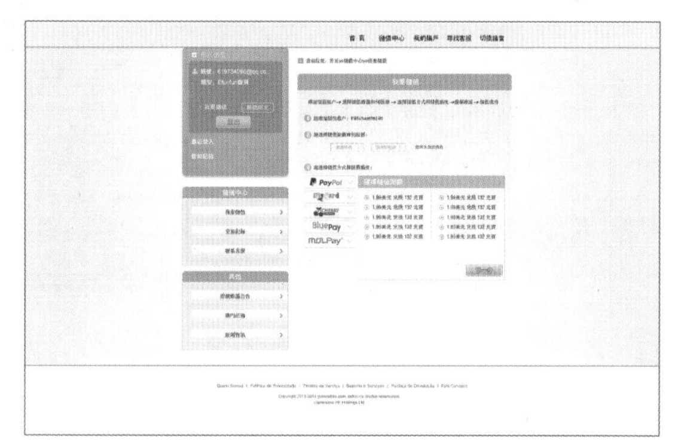

图 2-11

2.3.3 封面型布局

封面型布局一般出现在网站的首页，大部分是通过精美的平面设计并结合局部的动画效果，之后在网页中放上几个简单的链接或者仅放一个“进入”之类的链接，以提示访问者进入网站的下一级页面，如图 2-12 所示。

图 2-12

2.3.4 对称型布局

对称型布局，将导航链接放左边，有时最上面会有一个小的标题或标志，右面是正文。多数大型论坛一般是这种布局，部分企业也喜欢采用这种布局，如图 2-13 所示。

图 2-13

2.3.5 Flash 动画型布局

Flash 动画型布局与封面型布局类似，只不过它的网页是由 Flash 动画组成。

由于 Flash 动画具有丰富及强大的交互功能，所以该布局的网页可表达的信息更丰富，而且其视听效果也十分完美，如图 2-14 所示。

图 2-14

2.3.6 上下框架型布局

上下框架型布局与左右框架型布局类似，它们的区别仅仅在于前者是一种上下分为两页的框架，一般餐饮类网页比较常用，如图 2-15 所示。

图 2-15

2.3.7 标题正文型布局

标题正文型布局一般最上面是当前网页的标题或类型的对象，下面是当前网页的正文。一些文章网页比较常见此布局，如图 2-16 所示。

图 2-16

2.4 网页版面设计常用技巧

网页版面设计的常用技巧包含对比技巧、重复技巧和简单技巧，本节将详细介绍版面设计方面的知识。

2.4.1 对比技巧

用对比的手法来吸引读者的注意，例如，可以让标题在黑色背景上反白，并且用大的粗体字（比如黑体），这样会与下面的普通字体（比如宋体）形成对比。另一个方法是在某段文本的背后使用一种背景色，如图 2-17 所示。

图 2-17

☆ 经验技巧

在文本周围留出空白以便更容易阅读，布局更优美。留白是一种美德。满屏幕密密麻麻的字会让人头晕眼花，适当地留出边距及行距，可以让阅读变得轻松些。

2.4.2 重复技巧

在整个站点中重复实现某些页面设计风格。重复的成分可能是某种字体、标题 Logo、导航菜单、页面的空白边设置、贯穿页面的特定厚度的线条等。

颜色作为重复成分也很有用，为所有标题设置某种相同的颜色，或者在标题背后使用精细的背景，如图 2-18 所示。

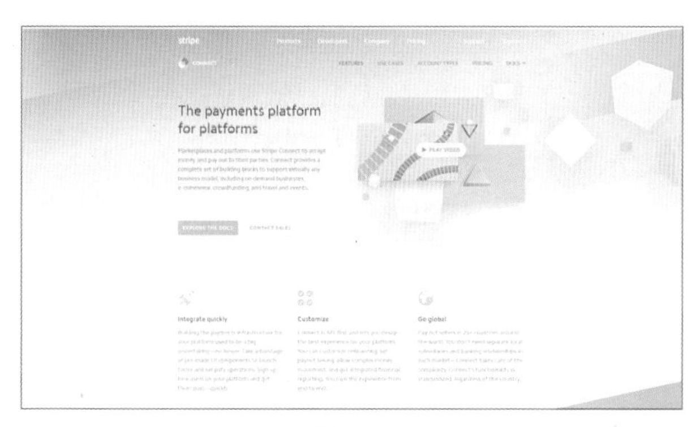

图 2-18

2.4.3 简单技巧

避免只是为了试验一种技术或新技巧而采用复杂的设计，应将会使人分心的东西减到最少。不要期望人们会下载插件，很多人会因此转到别的地方去。

应该将注意力集中在提供信息方面，而不是使页面看起来令人惊叹而信息却被淹没在动画闪烁、闪烁的文本和其他花炫的设计里，如图 2-19 所示。

图 2-19

第3章 网页配色与视觉印象

本章要点

- 网页配色技巧
- 网页风格配色
- 网页配色元素
- 网站布局配色
- 网页色彩的视觉印象

本章主要内容

本章将主要介绍网页配色技巧、网页风格配色方面的知识与技巧，同时还将讲解网页配色元素、网站布局配色，在本章的最后针对实际的工作需求，还将讲解网页色彩的视觉印象。通过本章的学习，读者可以掌握网页配色与视觉印象方面的知识，为深入学习网页配色奠定基础。

3.1 网页配色技巧

不同的配色技巧会产生不同的配色感觉，本节主要通过对配色原则和网页文本配色方面的介绍，详细讲解网页配色方面的知识。

3.1.1 配色原则

网页设计首先是一种平面设计，在排除立体图形、动画效果后，在二维空间中颜色带给人的冲击力是最强烈的，所以一个网站配色做得好，自然会给人留下很好的印象。

网页配色并不是一件很容易的事情，是一项非常具有艺术性的工作。如果没有对颜色的认识和视觉的把握能力，是没有办法做好网页配色的。网页配色有以下基本原则。

强调特色，个性鲜明。无论是整个网站还是单个网页，配色都应该有自己独特的风格。如果没有自己的特色，最多只能停留在美观这个层面，而无法达到专业层面。另外，网页的用色也需要结合网站的特色，从而突出网站的个性，更容易让访问者留下深刻的印象。

总体协调，局部对比。对于网页的配色，建议遵循“总体协调，局部对比”的原则，即网页的整体色彩效果应该是和谐的，只有局部、小范围的地方让色彩有一些强烈的对比。这样的局部色彩对比，不但可以避免网页色彩显得过于单调，也可以保持网页的整体风格。

遵循艺术规则，合理搭配。网页配色不仅是一项技术工作，也是一项具有艺术性的工作。因为对网页进行配色时，必须遵循设计规则，并考虑人的感观因素，再进行大胆创新和合理的搭配，设计出让人感到和谐、愉快的网页，从而体现设计的艺术价值，如图 3-1 所示。

图 3-1

☆ 经验技巧

蓝色，代表着忧郁、冷淡、朴实。如果在网站程序站点设计中要运用这样的颜色，可以用一些活跃的颜色与蓝色搭配，衬托出蓝色深远平静的意境。橙色是可以与蓝色搭配的颜色，可以突显整个页面的甜美、亮丽，也可以使整个网页更加有扩张力。

▶ 3.1.2 网页文本配色

网页文本配色需要更强的可读性和可识别性。所以文本的配色与背景的对比度等问题就需要多费些脑筋。

文字的颜色和背景色有明显的差异，其可读性和可识别性就很强。这时主要使用的配色是明度的对比配色或者利用补色关系的配色。

使用灰色或白色等无彩色背景，其可读性高，与别的颜色也容易配合。但如果想使用一些比较有个性的颜色，就要注意颜色的对比度问题。多试验几种颜色，要努力寻找那些熟悉的、适合的颜色。

统一的配色，可以给人一贯性的感觉，并且方便配色。另外，在文本背景下使用图像，如果使用对比度高的图像，那么可识别性就要降低。这种情况下就要考虑图像的对比度，并使用只有颜色的背景，降低图像对比度，虚化背景突出文字，如图 3-2 所示。

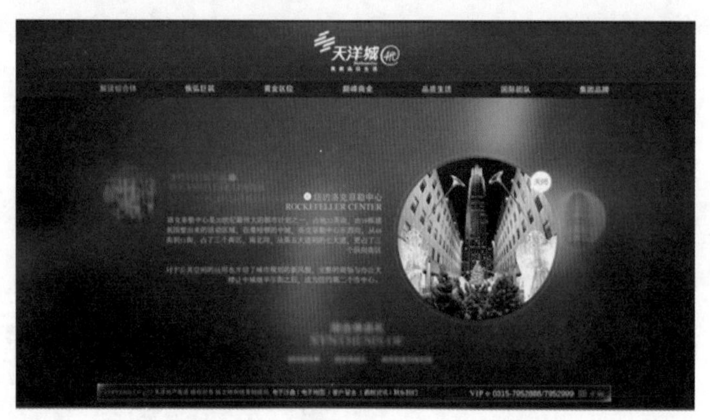

图 3-2

☆ 经验技巧

标题字号大小如果大于一定的值，即使使用与背景相近的颜色，对其可识别性也不会有太大的妨碍。相反，如果与周围的颜色互为补充，可以给人整体上协调的感觉。如果整体使用比较接近的颜色，那么就对想调整的内容使用它的补色，这也是配色的一种方法。

3.2 网页风格配色

网页风格配色包含网页的冷暖配色、白色的应用以及如何搭配色彩的饱和度，本节将详细介绍网页风格配色方面的知识。

3.2.1 冷暖配色

色彩是一种感官元素，所以一般情况下我们都是通过视觉元素获取信息的。设计当中色彩是非常重要的元素，不同的色彩都会带给人们不同的视觉效果。

冷暖对比配色会有比较强的视觉冲击力，温暖的橙色和黄色，与冷静的金属灰和青铜色，构成一种有力量的冲突感。

网页设计用色大胆，如果使用充满活力的红色、紫色与冷酷的深蓝色、黑色，就可以碰撞出一种非现实的梦幻感，如图 3-3 所示。

图 3-3

冷暖色的搭配是情感的表达。我们有意识地去将画面进行冷暖平衡搭配的时候，我们的视觉就能得到满足。其中的比例关系需要我们根据情感去调整，如果我们需要一种个性张扬的冷暖配色，那我们就把各自的比例放大，大面积地使用冷暖色会使情感更加夸张，通常我们使用饱和度比较高的冷暖搭配会使产品变得很炫酷，如图 3-4 所示。

图 3-4

3.2.2 白色的应用

白色的吸引力经常被低估，是一种被忽略的颜色。若要大量运用白色空间，或者说依靠这种最不吸引眼球的颜色，就要把握好白色使用量的限度，这无疑很难，不过，和许多其他挑战一样，若把握好尺度，就可能创造出蔚为壮观的效果。

简洁的页面和大量的白色就造就了非常绝妙的整体设计，白色定下了网站的主基调。干净、专业、高端的内涵，使这个公司给人留下了积极美好的印象。白色的大量使用传达了这样的信息：我们的格调高雅，注重实效，不盲目追赶。

白色的内涵：纯洁、沉稳、值得信任、幸福、干净、清新。它还能代表生活、善良、婚姻、和平、冬天和寒冷，如图 3-5 所示。

图 3-5

3.2.3 饱和度

饱和度，是指色彩的鲜艳程度，也称为色彩的纯度。饱和度取决于该色彩中含色成分和消色成分（灰色）的比例。含色成分越大，饱和度越大；消色成分越大，饱和度越小。

饱和度的连续变化，饱和度越高的颜色越鲜艳，越低的颜色就越显暗淡，饱和度最高的是“纯色”。即使是“红”这样一个颜色，也有像西红柿那样鲜艳的红色，和像红豆那样暗的红色。

网页设计得好不好看，有一套完整的配色方案至关重要，色彩的饱和度直接影响网页的页面展示效果，高饱和度的色彩更加容易吸引人的眼球，所以，网页设计中，Logo、按钮和图标等比较醒目的元素，才会使用高饱和度的颜色。

一般情况下，儿童类的网页，比较倾向于使用饱和度高的色彩，一般展现画面的活泼和个性的奔放，如图 3-6 所示。

图 3-6

3.3 网页配色元素

网页配色元素包含行业特征、色彩联想、受众色彩偏好和生命周期配色等，本节将详细介绍网页配色元素方面的知识。

3.3.1 行业特征

不同的行业的网站，设计风格与搭配效果截然不同，下面归纳为以下几点。

1. 休闲网站风格

绿色和蓝色都是凉爽而清闲的色彩，将两者搭配到一起，体现出明快的气息。

红色是热情的象征，在页面中以红色系为主，充满热情，给人以力量。

使用明度低的蓝色和绿色，在给人以清新感的同时，又使人感觉到稳重。

页面以暗色调为主，给人一种神秘感。

电影网站首页以剪影风格为主，背景色彩丰富鲜艳，使主题突出。

网站使用炫彩风格，其中使用了各种暖色配色，丰富的色彩让网站设计视觉冲击力很强。

网站以中国式水墨以及古典风格元素为主，整体给人一种大气而沉稳的感觉，页面设计精美。

游戏官网的页面简单，风格活泼可爱，动画形象的融入让网站更加生动和形象，如图 3-7 所示。

图 3-7

2. 教育文化类网站风格

非营利组织的网站，采用单页式布局，整个版面设计看起来很有创意；页面以淡黄色和绿色为主，整体风格清新自然；采用多种鲜艳的色彩和清新的花草元素，内容活泼向上，气氛把握得非常好，如图 3-8 所示。

电子商务类网站，在网站使用不同面积的无彩度的黑、白、灰色，很容易与其他色彩搭配，让人感觉和谐；网站使用复古色调蓝色和绿色，给人一种稳重的感觉；页面使用淡色，比如大面积乳白色的运用，整个页面有种透亮的感觉；页面以灰色和黄色为主，整体风格简洁大方，用户体验良好，如图 3-9 所示。

图 3-8

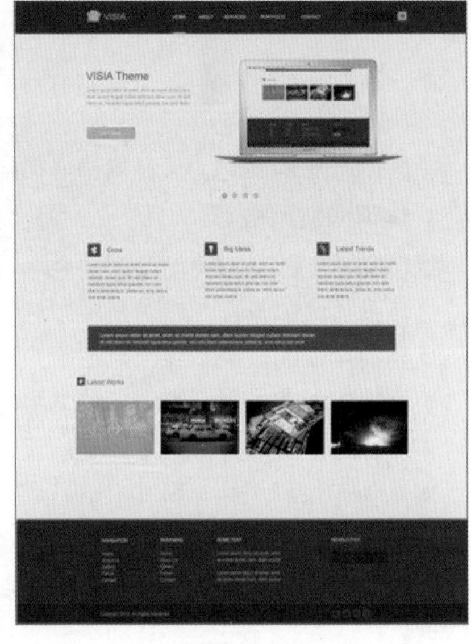

图 3-9

3.3.2 色彩联想

不同色彩会使人产生不同的联想。蓝色会使人想到天空，黑色会使人想到黑夜，红色会使人想到喜事等，选择色彩要和你网页的内涵相关联。

比如设计一个环保教育类网站，“环保教育”首先联想到生命、自然、绿色生态，而这些联想的事物共同色系是绿色，如果网站采用人们已认知的色彩，会让人们在初次访问网站时对网站的主题产生共鸣和信赖感。如果视觉设计师忽视前期的工作，网站最后视觉设计输出或许会与客户期望存在出入。所以视觉设计师需要在了解和参与网站的定位、目标用户、内容规划的基础上才能更好把握页面的视觉设计。

色彩在人们的生活中都是有丰富的感情和含义的。比如红色使人联想到玫瑰，联想到喜庆，联想到兴奋。

白色使人联想到纯洁、干净、简洁；紫色象征着女性化、高雅、浪漫；蓝色象征高科技、稳重、理智；橙色代表了欢快、甜美、收获；绿色代表了充满青春的活力、舒适、希望等。当然不是说某种色彩一定代表了什么含义。在特定的场合下，同一种色彩也可以代表不同的含义，如图 3-10 所示。

图 3-10

3.3.3 受众色彩偏好

在设计网站前期，产品在上市之前，必然已经确定了目标受众范围，这个范围可以大致通过年龄、性别、地区、经济状况和受教育程度等因素来确定。在确定网页主题色时，也需要对不同人群所偏爱的颜色做一些了解，从而达到预期的宣传效果。

不同性别的人群对色彩的偏好，如图 3-11 所示。

色彩偏好 / 性别	色相偏好		色调偏好	
男性	蓝色 深蓝色 深绿色 棕色 黑色 灰色		深色调 暗色调 钝色调	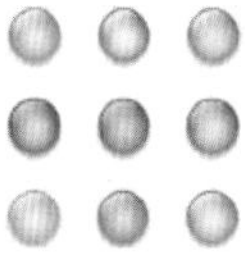
女性	粉红 红色 紫色 紫红色 青色 橘红色		亮色调 明艳色调 粉色调	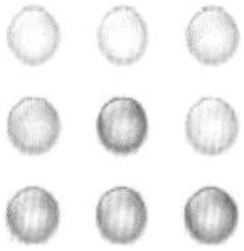

图 3-11

不同年龄段的人群对色彩的偏好也不相同，如图 3-12 所示。

年龄段 / 色彩偏好	0～12岁（儿童）	13～20岁（青少年）	21～35岁（青年）	36～50岁（中年）
色彩选择		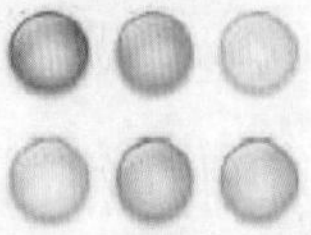	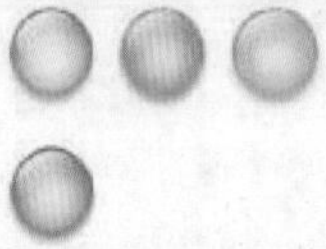	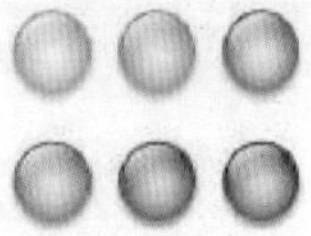
	红色、黄色和绿色等明艳温暖的颜色	红色、橘色、黄色和青色等高纯度高明度色彩	纯度和明度适中的颜色，还有中性色	低纯度、低明度的颜色，稳重、严肃的颜色

图 3-12

不同国家对色彩的偏好也不相同，如图 3-13 所示。

色彩偏好 / 国家地区	喜欢的颜色		不喜欢的颜色	
中国	红色、黄色和蓝色		黑色、白色和灰色	
法国	灰色、白色和粉红色		黄色、墨绿色	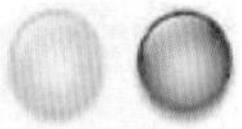
德国	红色、橘色和黄色		深蓝色、茶色、黑色	
马来西亚	红色、绿色		黄色	

图 3-13

3.3.4 生命周期配色

在整个产品研发的生命周期中，尽早考虑可访问性设计是最好的——这样可以减少产品后期来回追溯相关设计所花费的时间和金钱。前期确定产品配色的时候，就需要考虑产品配色的可访问性。

确保对比度足够，你所选取的背景和文本的对比度至少要达到 4.5∶1，因此在设计按钮、卡片和导航元素的时候，请务必确保色彩组合的对比度。

不要过分依赖色彩，还需要确保很多信息不依赖色彩来进行传递，尤其是一些关键的系统信息，可访问性也是需要考量的。对于诸如错误状态、成功状态、系统警告和提示，都务必让文本信息和图标搭配起来，清楚地告知用户正在发生的事情。

控制焦点状态对比度。虽然如今绝大多数的用户浏览网页会使用鼠标或者直接点击屏幕，但是依然会有一些有运动障碍的用户使用键盘来进行导航。所谓焦点状态，指的是当用户使用键盘上的 Tab 键来点击切换网页页面中不同链接的时候，每个链接周围会呈现出描边外发光的视觉效果。

最后，创建访问性良好的色彩系统。最重要的是要让团队在需要的时候，能直接使用色彩系统，并且每个人都能够用在对的地方。系统化地设计色彩系统，不仅能够减少混乱，还能够在整个团队范围内确保可访问性的一致，如图 3-14 所示。

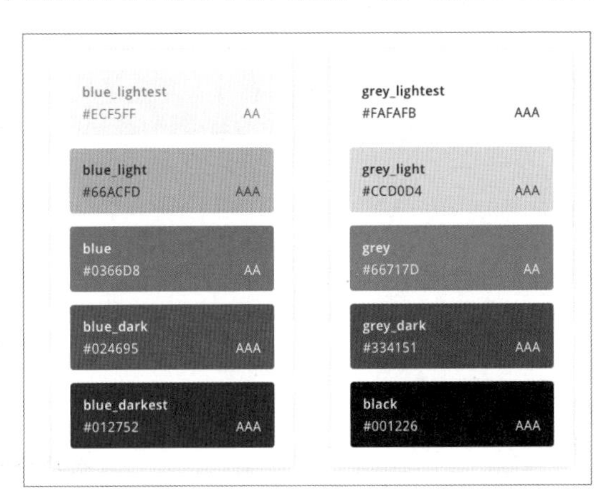

图 3-14

3.4 网页布局配色

网页的布局配色包含分组和整合、对称和平衡、强调和突出、虚实和留白，本节将详细介绍网页布局配色方面的知识。

3.4.1 分组和整合

互联网上的网页内容一般都相当复杂。根据不同的标准，对网页内容进行精心的设计分组，能使网页变得简洁、亲切、易读。网页分组的方法有很多，最常用到的就是使用画线进行分组，但是画线这种分组方式只能够简单地分割画面，缺乏形式的美感，只适用于简单的文字和图片的布局。

利用配色进行分组布局，是比画线更有效的网页区域分组方法。利用色块来进行分组，不仅能够高效地分割网页的区域，同时色彩本身也能传递出各种信息。清新淡雅的色块能带来低调婉约的画面印象，而色彩鲜艳的色块则带来雍容华贵的画面效果。

正因为用配色进行分组布局能带来这样的页面效果，所以在进行色块的颜色搭配时，一定要经过精心的设计与考量。

一般情况下，棕色和橙黄色的配色方案，适合于餐饮类的网站设计，能够引起人们的食欲，如图 3-15 所示。

☆ 经验技巧

如果使用各种鲜艳的色块分割整个页面的布局，会给人以轻松活泼的视觉感受，其市场定位为年轻用户。

3.4.2 对称和平衡

百度百科对“平衡”的解释为：“在不同领域，平衡有不同的含义。一般而言，平衡是指矛盾双方在力量上相抵而保持一种相对静止的状态。”

在视觉传达设计中，平衡是指通过视觉元素的位置、大小、比例、色彩、质感甚至意义等各种关系而达到的一种视觉稳定状态。平衡关系是视觉美感的最基本要求，美的实质是一种平衡的状态。

从平衡的形式来看，视觉设计中的平衡可分为对称形式的平衡和均衡形式的平衡。

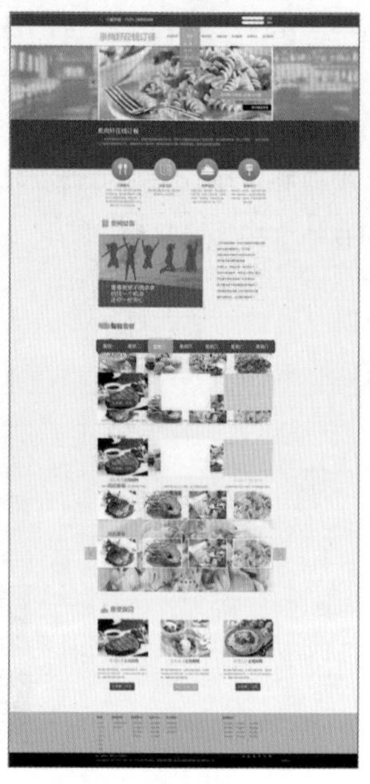

图 3-15

对称形式的平衡是最直观的平衡形式，这种形式的平衡在自然界和生活中随处可见。从韩国大部分食品网站的案例中我们能够看到，左右对称的布局带来整洁、稳定、值得信赖的视觉感受。这些视觉感受和食品类的页面内容相一致，白色和橙色搭配的页面能够很好地唤起浏览者的食欲与兴趣，与对称形式的页面布局相得益彰。页面的正中间采用了圆这种任何角度和方位都完全左右对称的形状，在呈现商品的同时能够带给浏览者完满、甜美的视觉印象，如图 3-16 所示。

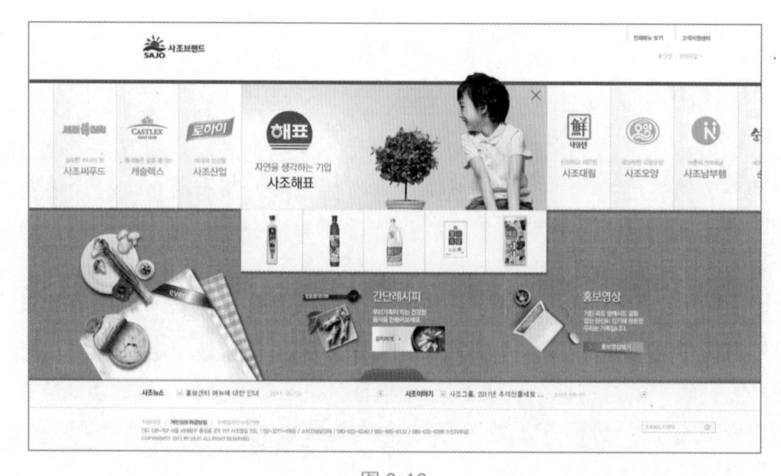

图 3-16

均衡形式的平衡则是一种较为复杂的平衡方式，从表面上来看，这种布局或配色方式并无特定的规律可循，然而这种方式的平衡可以通过页面中元素或者配色的对比和差异来达到视觉上的平衡，如图 3-17 所示。

图 3-17

3.4.3 强调和突出

对于网页的设计来说，引导浏览者视线的是网页设计师。浏览者在页面上先看到什么，后看到什么，视觉的焦点在什么位置，都是需要网页设计师精心设计的。

对于包含了众多需要传达的信息的页面来说，就需要特别的方法来进行主题的强调和突出。页面中可供强调的元素有很多，既可以是页面的布局，也可以是配色，甚至背景音乐或音效也能够作为被强调的元素，如图 3-18 所示。

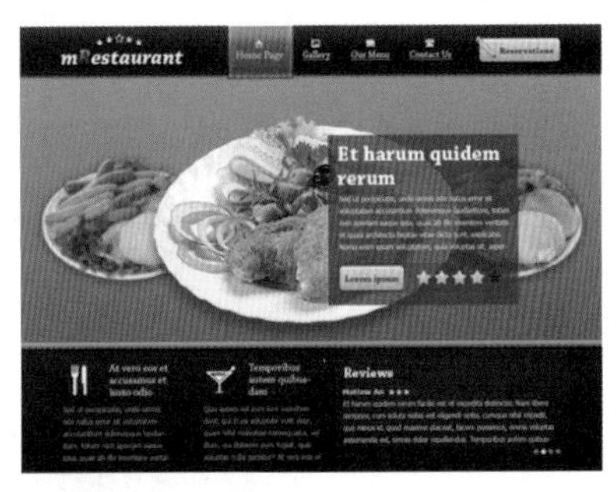

图 3-18

3.4.4 虚实和留白

在网页的设计中，除了各种元素的布局和应用外，其余的部分即是页面的“空白”。这里的“空白”不仅指狭义上的白色，而且指页面中没有元素放置的区域。

中国书法中的“计白当黑”，音乐中经常提到的“此时无声胜有声”，以及建筑大师密斯·凡·德·罗提出的“少即是多”，都是对“空白”富有特殊艺术韵味的诠释。

从心理学的角度来看，页面上的留白既可以给浏览者带来心理上的轻松和快乐，也可以营造紧张氛围和节奏感。留白不仅给浏览者带来视觉的休息空间，也给浏览者留下思考的空间。留白既可以为页面的主题或中心做铺垫，也可以通过这一特殊的设计手法传达设计师特定的想法。在一些书法设计的网页中，设计师通过灰度的明暗关系，拉开了云和背景的层次，构成了页面中的虚与实，这一独特的表现手法营造了恬静广阔的视觉氛围。

某些时候，刻意的留白是为了引导浏览者的视线。如图 3-19 所示，设计师刻意营造了一

图 3-19

个干净的页面，大量的留白为页面中间和下方的重点做足了铺垫，让浏览者不由自主地按照设计师的意图，将注意力集中到页面的主题之上。

3.5 网页色彩的视觉印象

每天我们在互联网上看到的网页都是有色彩的，不管是彩色系还是黑、白、灰，色彩构成了网站的整体风格，也为用户带来了不一样的视觉印象，本节将详细介绍网页色彩视觉印象方面的知识。

3.5.1 热情

饱和度高的色彩，会带给人热情的印象。红色最容易引人注意，也很容易使人产生心理的共鸣，一般来说当红色饱和度高的时候，可以传递出热情、力量、革命、生命等视觉信息，如图 3-20 所示。

图 3-20

3.5.2 儿童

在颜色的搭配上最好以敞亮、轻快、快乐为目标，多用一些对比色，有助于表达儿童的活泼与可爱，一般采用黄色、绿色、蓝色，给人清新明朗的感觉，如图 3-21 所示。

图 3-21

3.5.3 华丽

华丽的色彩，一般采用纯度比较低的、对比度不明显的色彩，色彩的颜色不要多，灰色介于黑色和白色之间，属于中性色、中等明度、极低色彩的颜色。灰色能够吸收其他色彩的活力，削弱色彩的对立面，而制造出融合的作用。

灰色是一种中立色，能使人产生华丽、温和、谦让、中立和高雅的心理感受，也被称为高级灰，是经久不衰、最经看的颜色，如图 3-22 所示。

图 3-22

3.5.4 女性

紫色在色彩中是明度最低的，紫色给人的视觉传达有一种神秘的感觉，紫色中加入少量白，可以将色彩变得优雅、娇气并具有女性的魅力，如图 3-23 所示。

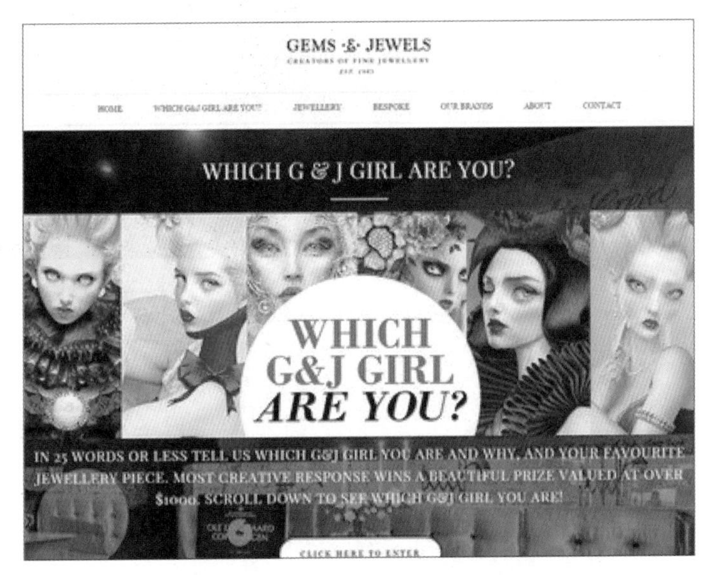

图 3-23

3.5.5 环保

绿色代表希望、春天和环保。绿色是由黄色和蓝色两种颜色混合而成的，如果在绿色中加入少量的黑色，视觉的传达趋于庄重、老练和成熟，如图 3-24 所示。

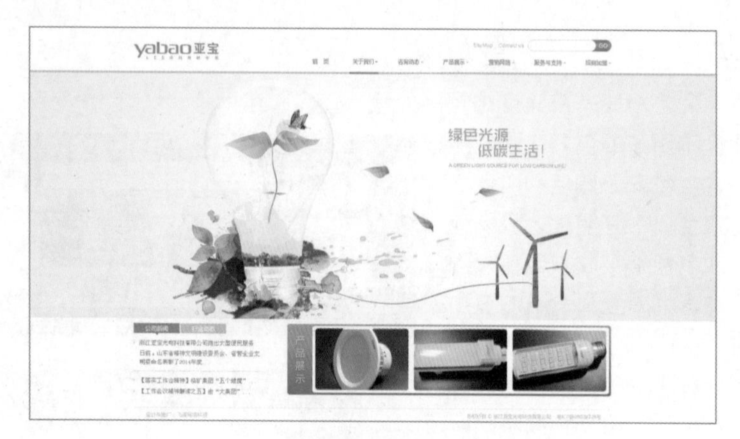

图 3-24

3.5.6 美食

设计与美食相关的网页时一般会采用天蓝、橘红、淡黄等明媚色系，最适合绿色、浅蓝色，这两种颜色养眼，能增加人的味觉感受，如图 3-25 所示。

图 3-25

3.5.7 甜蜜

在表现甜蜜温馨时，一般会采用粉色系，带给人快乐、满足、温暖、力量、积极、亲近的感受，如图 3-26 所示。

图 3-26

第4章 色彩搭配标准

本章要点

- 色彩区域
- 网页主题配色技巧
- 网页元素色彩搭配
- 网页页面配色技巧
- 网页基本配色

本章主要内容

本章将主要介绍色彩区域、网页主题配色技巧、网页元素色彩搭配方面的知识与技巧，同时还将讲解网页页面配色技巧。通过本章的学习，读者可以掌握色彩搭配标准方面的知识，为深入学习网页配色奠定基础。

4.1 色彩区域

色彩区域简单说来就是两种色彩之间的色相差异。色彩区域包含色彩区域大小、色彩区域位置。本节主要介绍色彩区域方面的知识。

4.1.1 色彩区域大小

正确掌握色彩区域大小，准确运用色彩对比手法是非常重要的因素，是色彩设计成败的关键所在。

色彩区域的大小对比，是色彩之间的矛盾。两个以上的色彩并置在一起，能形成清楚的差别，这就是色彩之间的区域大小对比。

构成色彩区域大小主要有三个条件：

（1）必须有两个及以上的色彩，才能构成色彩区域对比。

（2）色彩区域对比应在同一性质、同一范畴或者同一发展阶段内进行。

（3）色彩区域对比必须是在视觉上能被清楚地看到。

各种颜色，在色彩构成中并不是孤立出现的，总是和周围的颜色比较而存在的。由于色彩的性质不同，它们之间构成的色彩区域效果也不同，这就是色彩区域大小对比的特殊性。色彩区域大小要协调，要符合整个画面的感觉，这样才会整体协调，例如黑与白的对比、亮色和暗色的对比等等，如图 4-1 所示。

图 4-1

4.1.2 色彩区域位置

色彩的不同位置，展现出不同的色彩风格，巧妙地运用色彩的位置，可以给网页画面带来不同的视觉效果。

如图 4-2 所示，整个网站以蓝色为主，橙色为辅，加上适当的白色来削弱橙色的对比，页面显得效果醒目和有冲击力。

图 4-2

如果加大页面橙色部分会变成什么样呢？

可以看到，当橙色、蓝色各占一半的时候，这时候的对比最强烈，也最容易让观看的人产生不舒服的感受。

当减少橙色的比重，增加蓝色的比重时，这种不舒服感会随之减少，当两者颜色比重差距越大时，会觉得这个对比效果很明显且不会产生不适感。除了更改颜色的比重让对比色相互统一之外，还可以通过增加一两个颜色来增加页面的协调性，起到过渡统一的作用。这个网站增加了白色来协调整个画面，白色的出现虽然只是起点缀的作用，但的确让整个页面更加协调，如图 4-3 所示。

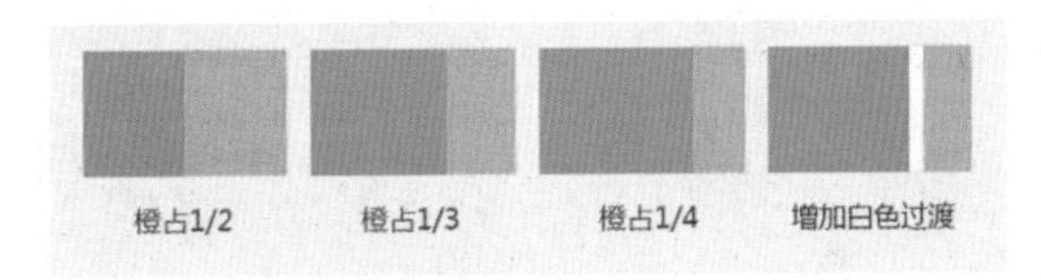

图 4-3

☆ 经验技巧

色彩能够唤起人们自然的、无意识的联想，从而影响人们的情绪。每一种色彩都具有不同的象征意义，当视觉接触到某种颜色，大脑神经便会接收色彩发出的信号，及时产生联想。

4.2 网页主题配色技巧

网页主题配色技巧包含深色系配色技巧、邻近色配色技巧、对比色对比技巧、零度对比色、明度对比和纯度对比，本节将详细介绍网页主题配色技巧方面的知识。

4.2.1 深色系配色技巧

我们日常所看到的绝大多数的网站，在基础配色方案上，都是以浅色为主的，背景大多是白色或者浅色。近两年，以黑色为主色调，或者大量运用深色背景的网站，逐渐流行。

以黑色或者深色为主的配色方案，搭配一个炫酷的动效。两种技巧的搭配，创造出层次分明的视觉体验，营造出微妙的情绪氛围和令人着迷的神秘感。

虽然在具体实现上并不那么容易，在移动端上的体验不如桌面端明显，但是这种设计趋势所营造的视觉体验还是很引人关注的。深色系的配色会让前景的元素更聚焦，用户会不由自主地关注设计师刻意营造的焦点。

在这种被营造出的神秘氛围下，被动效烘托的视觉焦点元素会让用户好奇，这个页面之下还藏着什么，接下来会有怎样的事情发生。

这种设计趋势和其他的趋势相似，仅仅是一个范围而非严苛的规定，可以使用黑色作为主色调，也可以使用藏蓝色作为主色调。搭配的动效也没有固定的套路，可以只是一个简单的悬停动效，也可以是一种复杂而精致的动态效果，可以根据实际状况自行尝试，如图 4-4 所示。

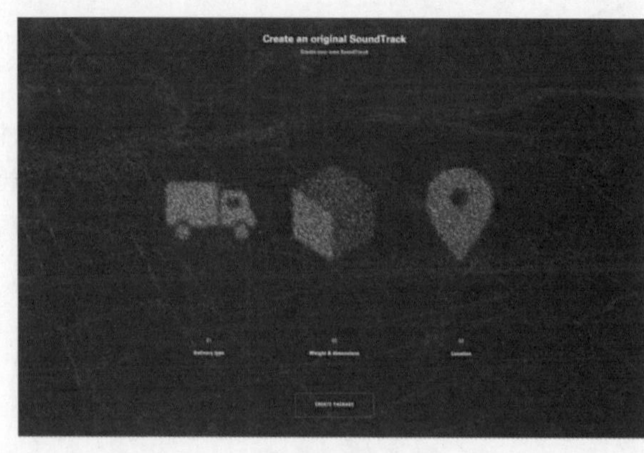

图 4-4

☆ 经验技巧

色彩对于设计的影响无疑是巨大的，深色系的配色常常会让设计显得深沉、神秘，它能够承载的情绪总体会更加非常规一些。如果希望自己的设计更贴近大众，浅色无疑会更合适一些，深色相对而言更加特立独行。

4.2.2 邻近色配色技巧

邻近色配色一般比较容易理解，比如黄色和橙色可以称为邻近色，草绿和果绿也可称为邻近色。色相环上相邻的二至三色对比，色相距离大约 30° 左右，为弱对比类型。邻近色相对比效果感觉柔和、和谐、雅致、文静，但也会让人感觉单调、模糊、乏味、无力，所以必须调节明度差来加强效果。

如图 4-5 所示，这个网站整体采用橙色调，里面的一些方格也用到邻近色来协调，但这样邻近色之间也形成了微弱的对比关系。整个页面最大的亮点就是左上角 Logo 的地方，用白色作为底色来调和页面，接着用蓝绿色的色块来点缀画面，使得整个色块和橙色形成鲜明的对比，但又和整个橙色页面可以协调地融在一起。

蓝绿色的区别稍微处理了一下，改成同一个色系的，可以看出这个页面的冲击力也变弱了。

在网页的页面设计当中，的确可以学习这种邻近色对比的方法，当这种对比不够明显时，可以尝试加入一些对比色来提高整体的冲击力。

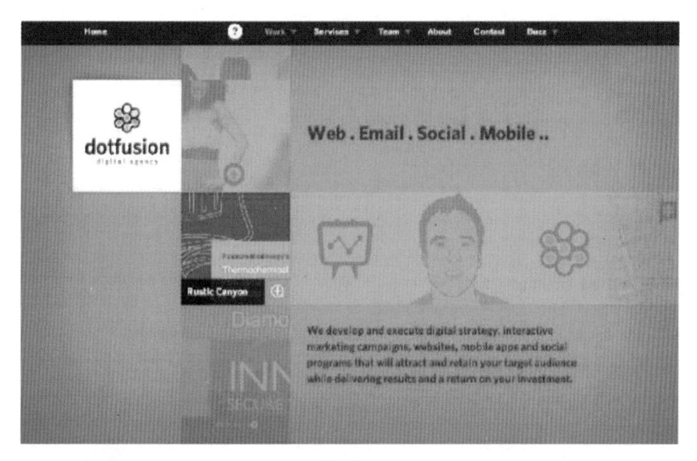

图 4-5

4.2.3 对比色对比技巧

对比时色相距离大约 120° 左右，为强对比类型，要比邻近色对比更鲜明、强烈、饱满。

如黄绿色与红紫色对比等，这种对比不容易单调，但一般需要采用多种调和手段来改善对比效果，不然就容易产生杂乱和过分刺激的效果，如图 4-6 所示。

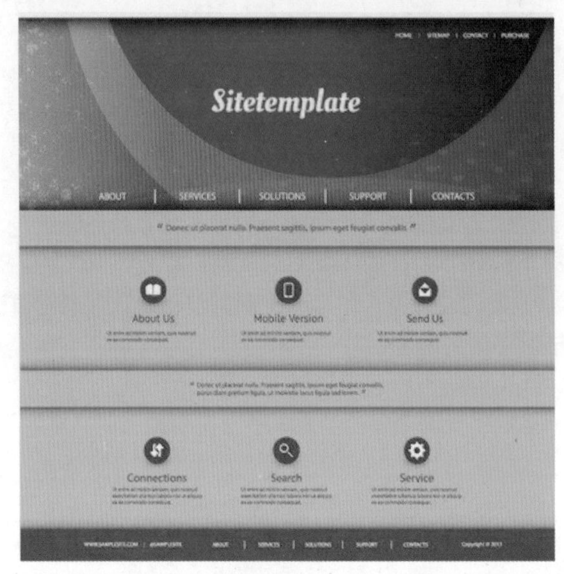

图 4-6

4.2.4　零度对比色

零度对比色分为：无彩色对比、无彩色与有彩色对比、同种色相对比和无彩色与同种色相对比四种模式。

无彩色指的就是没有色相的颜色，前面所说的颜色都有色相，但黑白灰这三种颜色是没有色相的，所以也被称为无彩色。

无彩色对比：如黑与白 、黑与灰、中灰与浅灰，或黑与白与灰、黑与深灰与浅灰等。

无彩色与有彩色对比：如黑与黄、白与蓝等。

同种色相对比：如蓝与浅蓝（蓝 + 白）色对比，橙与咖啡（橙 + 灰）或绿与粉绿（绿 + 白）与墨绿（绿 + 黑）色等对比。

无彩色与同种色相对比：如白与深蓝与浅蓝、黑与橙与咖啡色等对比。

无彩色虽然无色相，但它们的组合在实用方面很有价值。有些网站采用了无彩色的对比，整个页面都是用黑白灰来表现，一般这种页面都会显得比较冷酷和有个性，但看久了也会觉得有点单调。在黑白灰的处理上做好，通常只用黑白灰来表现主题难度很大，因为对于页面的黑白关系不好掌握，也不好凸显主次关系，但图 4-7 所示页面值得推荐，页面的主次关系很明显，在点线面的处理上处理得很好。

图 4-7

▶ 4.2.5 明度对比

在网页设计时，两种以上色相组合后，由于明度不同而形成的色彩对比效果称为明度对比。明度对比是色彩对比的一个重要方面，是决定色彩方案感觉明快、清晰、沉闷、柔和、强烈、朦胧与否的关键，如图 4-8 所示。

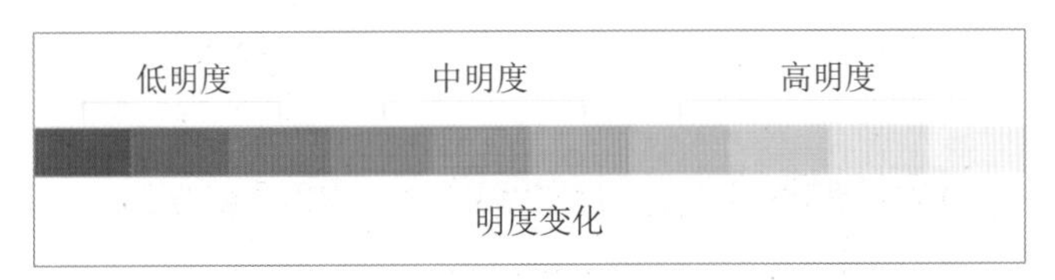

图 4-8

图 4-9 所示的网站就是采用了蓝色的明暗对比来设计的。在这个页面当中，右边的深蓝色显得比较稳重，左边导航部分采用明亮的蓝色，左、右两边形成了鲜明的对比，这样的页面稳重中又带着轻快，视觉效果也比较好。

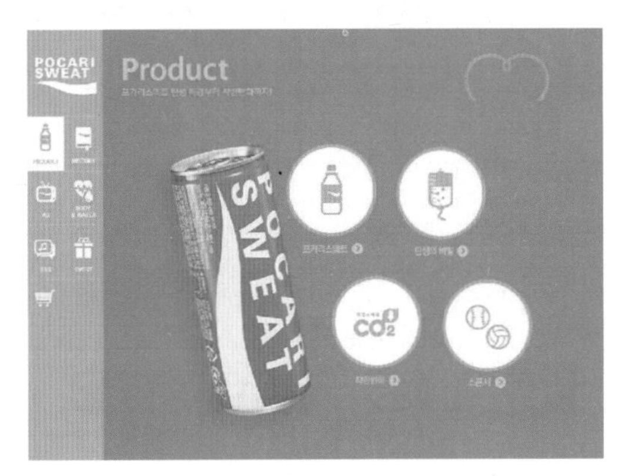

图 4-9

4.2.6 纯度对比

纯度指的是饱和度。柠檬黄的纯度是比较高的，当加入一点红色之后就变成橙色，因而柠檬黄和橙色就形成了纯度上的对比。两种以上色彩组合后，由于纯度不同而形成的色彩对比效果称为纯度对比。纯度对比是色彩对比的另一个重要方面，但因其较为隐蔽、内在，故易被忽略。

在色彩设计中，纯度对比是决定色调感觉华丽、高雅、古朴、粗俗、含蓄与否的关键，如图 4-10 所示。

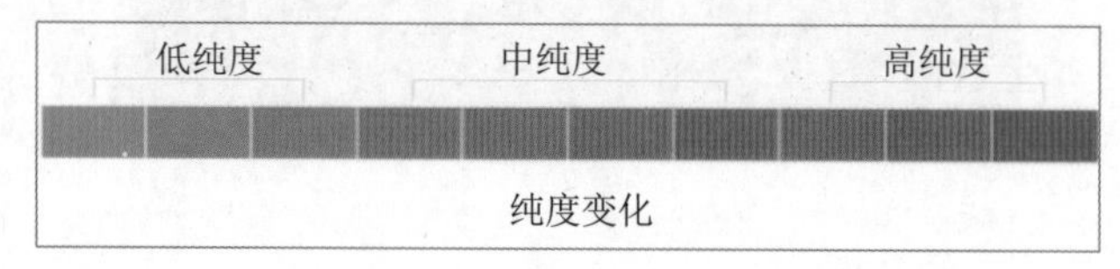

图 4-10

如图 4-11 所示，这个网站在整个色系的把握上特别好。整个高纯度的绿底到墨绿色的山脉，都可以体现出纯度的对比，使整个页面整体感强。

图 4-11

☆ 经验技巧

纯度指的是颜色的饱和度，明度指的是颜色的明暗程度，这样说可能比较好理解。

4.3 网页元素色彩搭配

网页中的几个关键要素，如标识（Logo）与网页广告、导航菜单、背景与文字，以及链接文字的颜色应该如何协调，是网页配色时需要认真考虑的问题，本节将详细介绍网页元素色彩搭配方面的知识。

4.3.1 导航菜单

网页导航是网页视觉设计中重要的视觉元素，主要功能是更好地帮助用户访问网站内容。一个优秀的网页导航，应该从用户的角度进行设计，导航设计的合理与否将直接影响到用户使用时的舒适与否。在不同的网页中使用不同的导航形式，既要注重突出表现导航，又要注重整个页面的协调性。

导航菜单是网站的指路灯，浏览者要在网页中跳转，要了解网站的结构和内容，都必须通过导航或者页面中的一些小标题。所以网站导航可以使用稍微具有跳跃性的色彩，吸引浏览者的视线，让浏览者感觉网站结构清晰、层次分明，如图 4-12 所示。

图 4-12

4.3.2 背景与文字

如果一个网站用了背景颜色，必须要考虑到背景用色与前景文字的搭配问题。一般的网站侧重的是文字，所以背景可以选择纯度或者明度较低的色彩，文字用较为突出的亮色，让人一目了然。

有些网站为了给浏览者留下深刻的印象，会在背景上做文章。比如一个空白页的某一个部分用了大块亮色，给人豁然开朗的感觉。为了吸引浏览者的视线，突出的是背景，所以文章就要显得暗一些，这样才能与背景区分开来，以便浏览者阅读，如图 4-13 所示。

图 4-13

☆ 经验技巧

艺术性的网页文字设计，个性鲜明的文字色彩，突出体现网页的整体设计风格，或清淡高雅，或原始古拙，或前卫现代，或宁静悠远。总之，只要把握文字的色彩和网页的整体基调，风格相一致，局部中有对比，对比中又不失协调，就能够自由地表达出不同网页的个性特点。

▶ 4.3.3　链接文字

一个网站不可能只是单一的一个网页，所以文字与图片的链接是网站中不可缺少的一部分。现代人的生活节奏相当快，不可能浪费太多的时间去寻找网站的链接。因此，要设计独特的链接颜色，让人感觉到它的与众不同，自然而然去单击鼠标。

文字链接区别于叙述性的文字，文字链接的颜色不能和其他文字的颜色一样。

突出网页中链接文字的方法主要有两种，一种是当光标移至链接文字上时，链接文字将改变颜色；另一种是当光标移至链接文字上时，链接文字的背景颜色发生改变，从而突出显示链接文字，如图 4-14 所示。

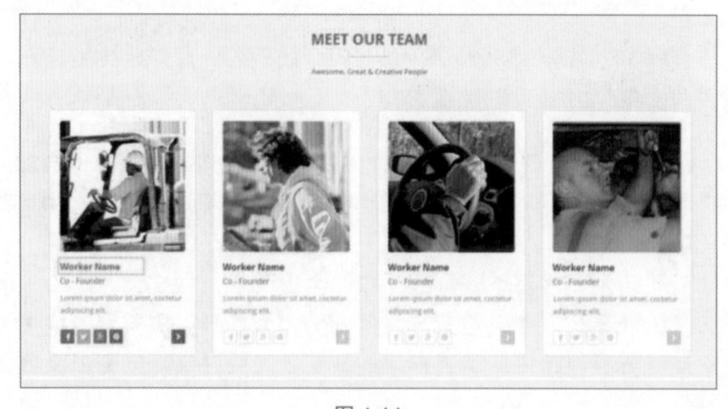

图 4-14

▶ 4.3.4 Logo 与网页广告

Logo 和网页广告是宣传网站最重要的工具，所以这两个部分一定要在页面上脱颖而出。可以将 Logo 和广告做得像象形文字，并从色彩方面与网页的主题色分离开来。有时候为了更突出，也可以使用与主题色相反的颜色，这样可以使 Logo 更加醒目和有动感，如图 4-15 所示。

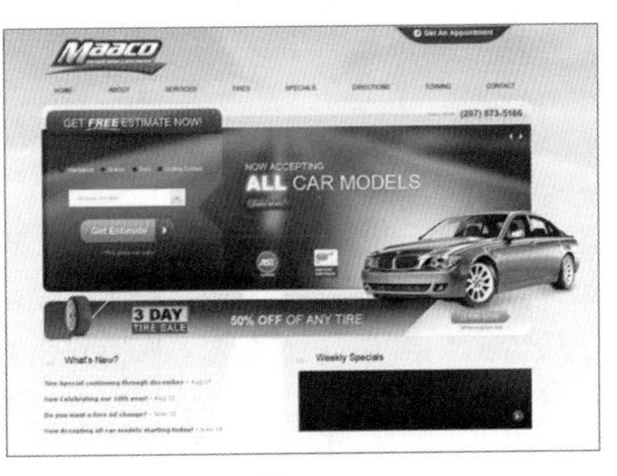

图 4-15

4.4 网页页面配色技巧

网页的配色是很强大的，色彩的魅力是无限的，可以让很平淡无味的元素，瞬间就能变得漂亮、美丽。本节将详细介绍网页页面配色技巧方面的知识。

▶ 4.4.1 色相的概念

自然界中有很多种色彩，比如树叶是绿色的，大海是蓝色的，草莓是红色的……但是最基本的有三种，分别是红、绿、蓝，我们称这三种色彩为“色光三原色”。其他所有的色彩都可以由这三种色彩调和而成。

色相，简写为 H，表示色的特质，是区别色彩的必要名称，例如红、橙、黄、绿、青、蓝、紫等。色相和色彩的强弱及明暗没有关系，只是纯粹表示色彩相貌的差异，如图 4-16 所示。

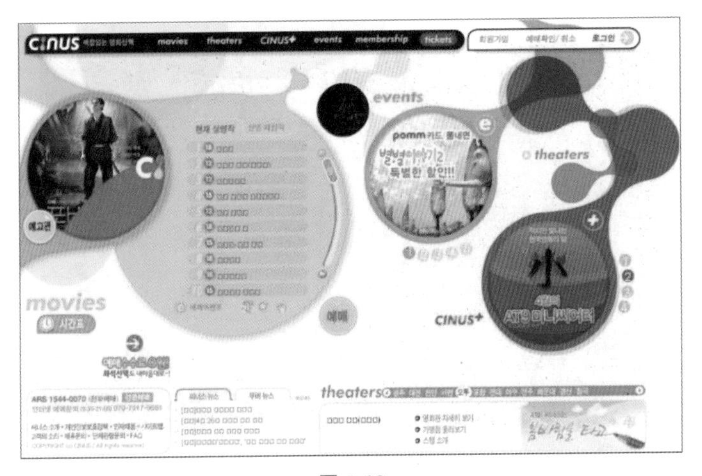

图 4-16

4.4.2 明度概念

明度，简写为 V，表示色彩的强度，也即是色光的明暗度。比如一些购物、儿童类设计，用的是一些鲜亮的颜色，让人感觉绚丽多姿、生气勃勃。

明度最高的是白色，明度最低的是黑色。任何颜色都有相应的明度值，同为纯色调，不同的色相，明度也不相同，例如，黄色明度最接近白色，而紫色明度靠近黑色。一般情况下，可以通过无彩色和有彩色的明度对比来突显主题，如图 4-17 所示。

图 4-17

4.4.3 近似配色

近似配色是指选择相邻或相近色相的颜色进行搭配。邻近色是指在色环上相邻的颜色，如绿色和蓝色、红色和黄色即互为邻近色。采用邻近色搭配可以避免色彩杂乱，易于达到页面和谐统一的效果。这种配色因为含有三原色中某一共同的颜色，所以很协调。因为色相接近，所以也比较稳定，如果是单一色相的浓淡搭配则称为同色系配色。搭配效果比较明显的如紫配红、紫配橙、绿配橙、红配橙等，如图 4-18 所示。

图 4-18

4.4.4 双色渐变

双色渐变是两种颜色之间有平滑过渡。如果需要强大而大胆的信息，那么可能需要考虑使用更鲜明、更高对比度的颜色组合。

另一方面，如果希望采用更柔和、更安静的方法，则使用较少饱和度的颜色。渐变色调一般包括文本和插图。

使用双色调渐变趋势的最安全方法是将渐变背景与黑白照片混合，或将它们作为照片叠加层应用。如果将它们与其他颜色混合，确保不要过分。多种颜色在设计中可能非常出色，但如果匹配不当，也会造成混乱，如图 4-19 所示。

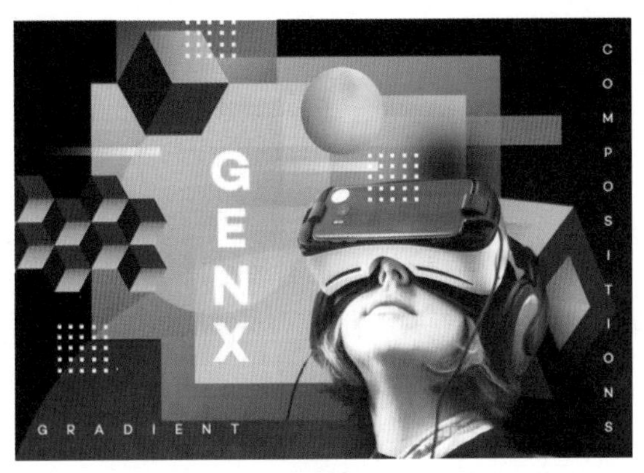

图 4-19

4.5 网页基本配色

色彩不同的网页给人的感觉会有很大差异，可见网页的配色对于整个网站的重要性。在选择网页色彩时，一般会选择与网页类型相符的颜色，而且尽量少使用几种颜色，并调和各种颜色，使其有稳定感。本节主要介绍网页基本配色方面的知识。

4.5.1 网页主题色

色彩是网站艺术表现的要素之一。在网页设计中，根据和谐、均衡和重点突出的原则，将不同的色彩进行组合，构成漂亮的页面，同时应该根据色彩对人们心理的影响，合理地加以运用。

按照色彩的记忆性原则，一般暖色比冷色的记忆性强。色彩还具有联想与象征的特质，如红色象征激烈、渴望；蓝色象征安静、清洁等。网页颜色应用并没有数量限制，但不能毫无节制地运用多种颜色。

主题色是指在网页中最主要的颜色，包括大面积的背景色、装饰图形颜色等构成视觉中心的颜色。主题色是网页配色的中心色，搭配其他颜色通常以此为基础，如图 4-20 所示。

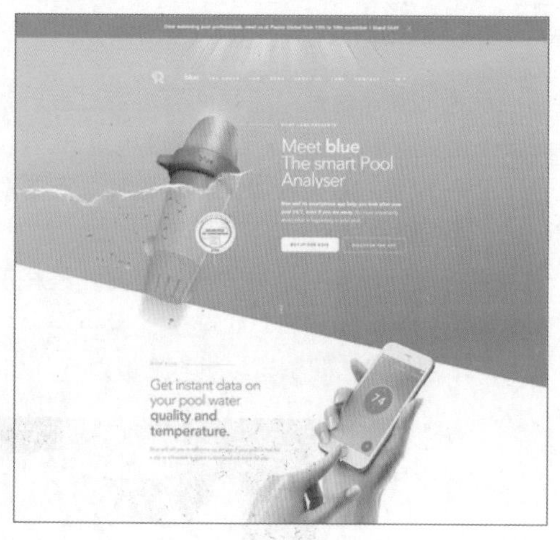

图 4-20

4.5.2 网页背景色

网页中大块面积的表面颜色，即使是同一组网页，如果背景色不同，带给人的感觉也截然不同。背景色由于占绝对的面积优势，支配着整个空间的效果，是网页配色首先关注的重要因素。

当看到一个画面，人们第一眼看到的就是色彩，看到色彩就会想到相应的事物，例如绿色带给人一种很清爽的感觉，象征着健康。因此，人们不需要看主题字就会知道这个画面在传达着什么信息，简单易懂。

背景色是指网页背景所使用的颜色，目前网页背景所使用的颜色包括白色、纯色、渐变颜色和图像等几种类型。网页背景色也被称为网页的“支配色”，网页背景色是决定网页整体配色印象的重要颜色，如图 4-21 所示。

图 4-21

4.5.3 网页辅助色

一般来说，一个网站页面通常都不止一种颜色。除了具有视觉中心作用的主题色之外，还有一类陪衬主题色或与主题色互相呼应而产生的辅助色。

辅助色的视觉重要性和体积次于主题色和背景色，常常用于陪衬主题色，使主题色更加突出。在网页中通常是较小的元素，如按钮、图标等。

网页中辅助色可以是一种颜色，或者一个单色系，还可以是由若干颜色组成的颜色组合。辅助色用来衬托主题色，可以令网页瞬间充满活力，给人以鲜活的感觉。辅助色与主题色的色相相反，起突出主题的作用。辅助色若面积太大或是纯度过强，都会弱化关键的主题色，所以相对暗淡的色彩、适当的面积才能达到理想的效果。

在网页中为主题色搭配辅助色，可以使网页画面产生动感，活力倍增。网页辅助色通常与网页主题色保持一定的色彩差异，既能突显网页的主题色，又能够丰富网页整体的视觉效果，如图 4-22 所示。

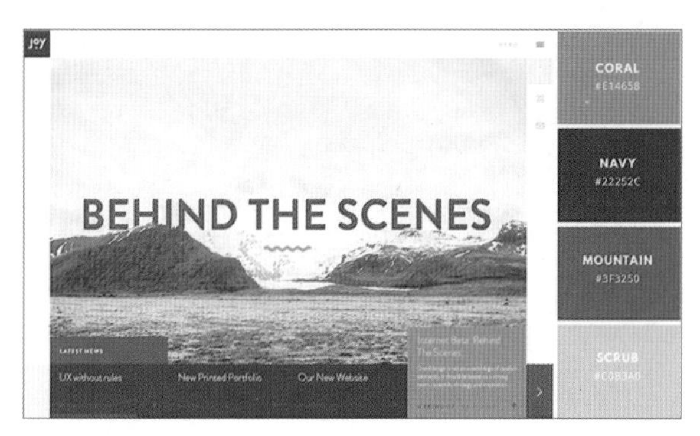

图 4-22

☆ 经验技巧

网页点缀色是指网页中较小的一处面积且易于变化物体的颜色，如图片、文字、图标和其他网页装饰颜色。点缀色常常采用强烈的色彩，常以对比色或高纯度色彩加以表现。点缀色通常用来打破单调的网页整体效果，所以如果选择与背景色过于接近的点缀色，就不会产生理想效果。为了营造出生动的网页空间氛围,点缀色应选择鲜艳的颜色。在少数情况下，为了特别营造低调柔和的整体氛围，点缀色还是可以选用与背景色接近的色彩。

第 5 章
网站布局配色

本章要点

- 网站标志配色
- 网站导航布局配色
- 网站导航栏布局设计
- 网站图片配色
- 网站整体布局配色

本章主要内容

本章将主要介绍网站标志配色、网站导航布局配色方面的知识与技巧，同时还将讲解网站导航栏布局设计、网站的图片配色和网站的整体布局配色。通过本章的学习，读者可以掌握网站布局配色方面的知识，为深入学习网页配色奠定基础。

5.1 网站标志配色

一个网站能不能让人记住，网站的标志配色很重要。本节将详细介绍网站标志配色方面的知识。

5.1.1 网站标志配色

当人们听到一个著名品牌的名字时，可能会在脑海中想起品牌的颜色。考虑到这一点，人们需要选择正确的网站标志颜色组合，并了解哪种颜色最适合。

比如星巴克是绿色和白色，宜家是蓝色和黄色。颜色对我们的大脑有如此强大的影响，不仅会给人直接的感受，而且还会将这些感受与你所设计的品牌联系起来。

如图 5-1 所示图中的标志使用的是亮黄色，可以很好地表达能量和快感，这在文娱行业中比较流行，近乎黑灰色的色调营造出一种神秘而浓郁的氛围。

精致的粉红色往往让人着迷，这种颜色组合通常用于美容、化妆品等女性产品中，如图 5-2 所示。

图 5-1

图 5-2

蓝色和绿色代表沉稳和宁静，像这样的霓虹色的组合，会比较成功地表达能源能量和青年的感觉。鲜艳的色彩组合在时尚、媒体和娱乐等行业中也特别有效，如图 5-3 所示。

越是不寻常的颜色组合就越需要特别注意使用，但可以通过使用它来产生特殊的氛围。温暖的橙色和茄子般的紫色优雅而独特，这个配色方案用于时尚、美容、家具等品牌再合适不过，如图 5-4 所示。

图 5-3

图 5-4

精致细腻的粉色搭配美丽的深蓝色，充满趣味的同时表达了值得信赖的氛围。深蓝色从明亮的背景中脱颖而出，产生鲜明的对比效果。可以考虑用于美容、婚庆等相关行业，如图 5-5 所示。

图 5-5

5.1.2 浏览器网站标志配色

谷歌多彩的标志也是品牌的一大特色。谷歌商标的平面设计师 Ruth Kedar 说：“我们本来打算使用红、黄、蓝三原色，但又不想显得太过呆板，就把 L 字母换成了绿色，表现出谷歌的特立独行，不墨守成规。”每一个网站标志设计，都需要有一定的独特色彩，才可以让用户有比较深刻的印象，如图 5-6 所示。

图 5-6

5.1.3 音乐网站标志配色

黑色和橙色的结合营造出比较友好的气氛。橙色是乐观的形象，而黑色则表达了专业性，两者对比鲜明，适用于电影和音乐等创意产业。大面积的黑色作为画面的主题色彩，搭配亮眼的橙色互补，可以让标志更加具有神秘色彩，如图 5-7 所示。

图 5-7

5.1.4 医疗美容类网站标志配色

医疗美容类网站主要迎合女性审美，使用卡片式设计，以优雅的紫色调为主。大部分医疗美容类网站以女性顾客为主，所以不仅仅是从产品服务，网站设计也必须能在第一眼获得女性顾客的青睐。网站整体的紫色调优雅大方，不同层次的紫色卡片设计能循序渐进地对顾客进行引导。部分的设计以深紫色作为强调，吸引点击，从而增加转化，如图 5-8 所示。

☆ 经验技巧

紫色：紫色象征着女性化，代表着高贵和奢华、优雅与魅力，也象征着神秘与庄重、神圣和浪漫。

图 5-8

5.1.5 牙医类网站标志配色

这类网站的设计主题是“给自己一个健康的口腔”。牙医类网站设计的特别之处在于它采用专业的操作图案来突出主题，并形成较为温馨的画面设计概念。作为牙医网站，也不失为很好的宣传广告。

蓝色比较适合和平淡雅洁净的页面，因此一些医院网站也会适当采用蓝色，或单独使用，或搭配使用。

绿色代表的是清爽、理想、希望和生长的意象，较符合服务业、医疗健康业、教育业、农业类网页设计的要求，画面采用饱和度不高的色彩，比较柔和，更加让人有亲切感，如图 5-9 所示。

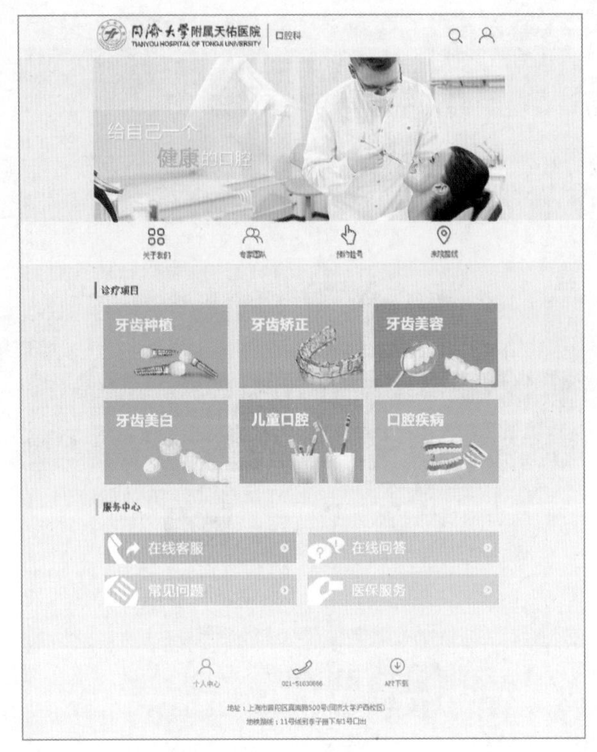

图 5-9

5.2 网站导航布局配色

网站导航的最终目的就是帮助用户找到他们需要的信息，可见网站导航相当于一个网站的门窗，一个好的配色可以引导用户很快找到相应的信息。本节将详细介绍网站导航配色方面的知识。

5.2.1 美妆网站导航布局配色

由于网站的导航栏是网站的主干，因此，通常会使用显眼的颜色让它独立出来。在评价一个网站作品设计是否优良的时候，一般会通过实际试用来测试导航栏的可用性。在网站发布之前，一定要反复测试，保证网站导航的直观性和高度的可用性。

美妆网站一般会采用紫色系进行设计，画面占浏览器的主要位置，采用对比的手法，可以使导航的颜色更加的醒目。

如图 5-10 所示，页面整体使用了紫色和粉色，提升了画面的高雅气质。位于页面上端的白色空白条作为导航栏，便于查找，对比更加清晰。

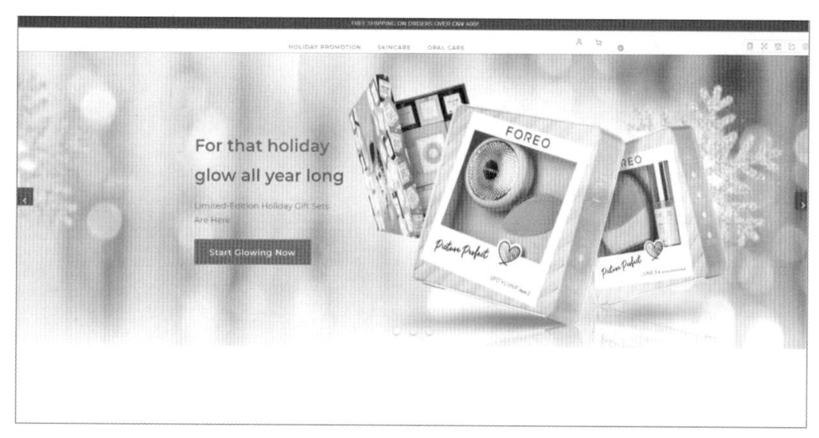

图 5-10

5.2.2 教育网站导航布局配色

如图 5-11 所示，这个网页使用绿色和墨绿色为背景，主体部分搭配自然的图片设计，给整个画面增添了青春和活力。

网页整体设计很有特点，文字和导览部分都放在页面的顶端，非常吸引眼球。网页色彩统一，颜色搭配和谐、自然。整体色系统一采用了绿色；导览栏使用黄色，使其更加突出明显。整体设计大气、自然。

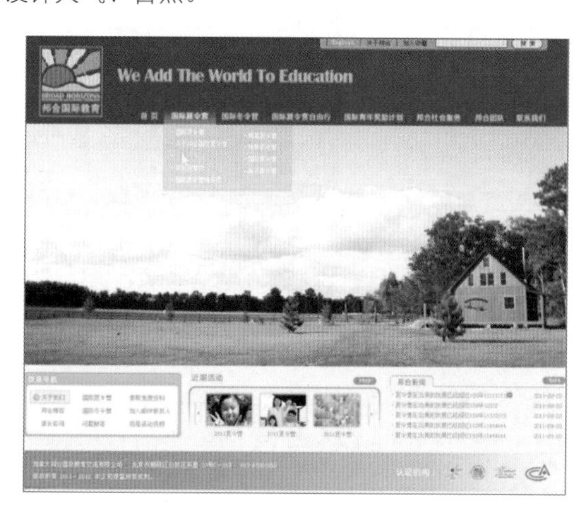

图 5-11

5.2.3 儿童网站导航布局配色

如图 5-12 所示，灵活的布局，打破框架的信息布局方式和众多细碎的信息区域是这个设计给人的第一印象，不同信息区域的导航有着不同的设计方式，让人产生探索的欲望。

可爱的风格贯穿于整个页面，白色和高饱和度以及亮度的绿色、橙色搭配又给了页面清新的感觉。手绘风格的插画是儿童网站中不可或缺的元素，非常能够调动网站的整体气氛。大模块的设计，起到了划分各个导航信息区域的功能性作用。

最为重要的是，这个设计摆脱了主内容区大框架的限制，布局上更为自由。作为儿童网站来说，正需要这样的创意方式。导航栏的设计采用大模块的模式，更加的醒目，让浏览者一目了然。

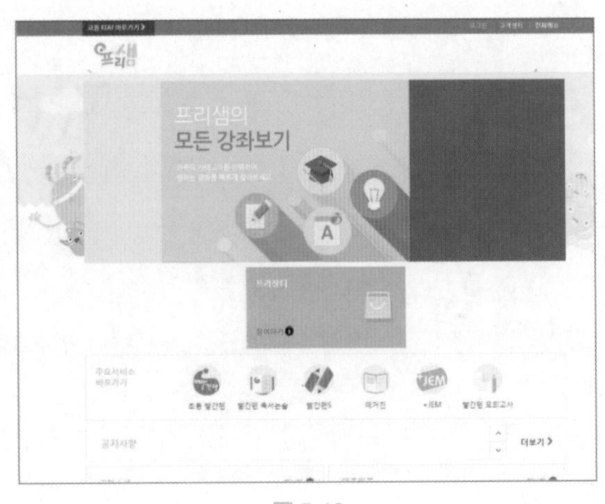

图 5-12

5.2.4 女性网站导航布局配色

如何做一组用户体验良好的网站导航菜单并非易事，这是网页设计领域的一个需要长期探索和改进的具有挑战意义的事情。网站导航的中心主旨是需要帮助访问者达到他们的主要目标。

如图 5-13 所示，这个网页主要采用低明度的灰色系，搭配红色的导航链接，使得网页看起来更加简单、大气。

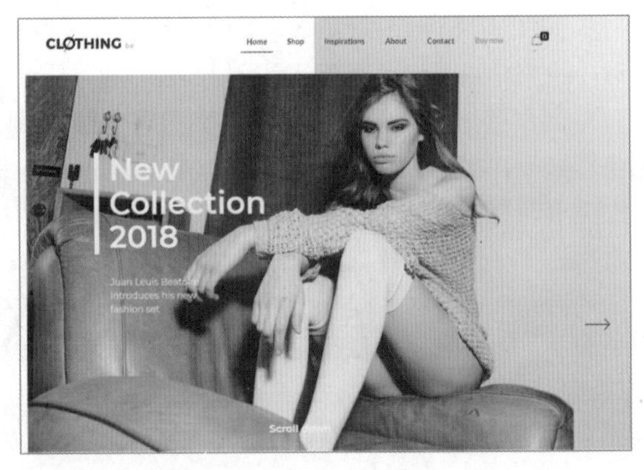

图 5-13

☆ 经验技巧

顶部导航被广泛应用在各个领域的网站当中，这类导航可以让用户迅速寻找到所需。顶部导航这样的设计形式保守但目的性强，可以确保组织结构的可靠性和降低用户寻找的时间成本。但这类导航有个缺点，首页内容过多需要滚屏的时候，用户需要滚动到顶部再去切换导航内容。所以，现在很多顶部设计的导航会做一个效果，将顶部导航固定，这样减少了用户的使用成本。

5.2.5 服饰网站导航布局配色

导航的设计形式和表现形式比较多样，可动可静，可大可小，比较个性化。固定的侧边栏导航设计不是很建议，特别是对于宽度大的侧边栏导航，这样的设计会影响整个网页页面的宽度。设计师可以考虑将侧边栏以滑动方式展现，在节约网站空间的同时也显得更加简约。

侧边栏导航的设计需要注意的是导航栏目的宽度问题，若导航栏中字体过长，在展示上会存在一定的问题，哪怕做成滑动展示的形式，也不能很好地解决问题。

如图 5-14 所示，这个时尚服饰官网将侧边栏的内容精简做成一个元素放在侧边，这样看起来不突兀，不会占用空间，相反还起到一定的装饰作用，整体网页采用低纯度的背景和高纯度的导航标识，对比的色彩，更加凸显画面的整体设计。

图 5-14

5.3 网站导航栏布局设计

对于一个网站来说，导航起到重要的引导作用，让用户清晰明了地了解到网站的结构框架，起到重要的指引作用，本节将详细介绍网站导航栏布局设计方面的知识。

5.3.1 顶部导航布局设计

顶部导航设计的样式比较多，主要是与 Logo、登录注册、搜索框搭配组合成的多种效果。

顶部导航的设计成熟稳重，比较中规中矩，不容易出现太大的问题，所以使用率也是比较高的，如图 5-15 所示。

图 5-15

5.3.2 底部导航布局设计

底部导航应用性不是很广，会出现在一些活动或个性化的网站当中。

底部导航的形式，一般是采用固定的方式，这类导航可以减少用户的使用成本，但对于结构复杂的网站，有二级或三级导航的网站就不是很合适。其次，将导航放置底部，对于用户的使用习惯来说不是特别的友好（用户的眼睛都是从上到下、从左往右浏览的），这样的设计比较挑战用户的使用习惯，如图 5-16 所示。

图 5-16

▶ 5.3.3 汉堡包式导航布局设计

汉堡包式导航其实跟底部导航一样，较常出现于移动端。但现在不少 PC 端网页也越来越喜欢用汉堡包式的导航设计。这样的设计比较节约空间，相当于将导航做成一个隐藏式的设计或是弹出式的设计，具有设计感，如图 5-17 所示。

虽然汉堡包式导航的设计方式可以很多样，也可以很个性。但对于一部分用户而言，汉堡包式导航其实并不是那么直观，特别是在用户对导航结构不清晰的情况下。设计师在设计这类导航的时候还是要斟酌一下。

图 5-17

▶ 5.3.4 水平式滚动导航布局设计

水平式滚动导航就是内容呈左右水平方向滚动的导航。当用户第一次遇到这种类型的网站时，体验感会比较差，因为它在物理和视觉运动方向上与常规的纵向滚动不同。而且当你使用鼠标滚轮滚动的时候，它的左右水平滚动会让用户产生交互上的错位感，这样的感受其实并不是特别友好。所以，这样的网站其实比较少见，但也有极少部分做得好的，如图 5-18 所示。

图 5-18

5.4 网站图片配色

色彩在网站设计中起着至关重要的作用，一张图片的色彩应该和网站的搭配相呼应。本节将详细介绍网站图片配色方面的知识。

5.4.1 美食网站图片配色

网站的图片配色，简单来说就是将颜色摆在适当的位置，做一个最好的安排，达到一种和谐的融为一体的效果。下面以美食网站为例，详细介绍美食网站图片配色方面的知识。

设计师可以选择从图片中取色，让色彩得到呼应。一般美食类的网站图片选择高明度和高纯度的色彩。图 5-19 所示的网站图片的色彩比较艳丽，所以可以吸取图片中的橙色作为网站的背景色，来实现整个网站的整体统一，如图 5-19 所示。

图 5-19

5.4.2 企业网站图片配色

企业类网站的配色，在这里建议不要用超过 4 种以上的颜色，颜色太多会让访问的用户迷失方向，不知道哪里是重点，眼花缭乱，印象不好。应该给主题设定一种主体颜色，主体颜色确定后就要考虑配色了，配色要与主体的颜色相衬，还要考虑两者的关系搭配在一起会体现出一种什么样的效果。此外，要确定以哪一种因素为主，究竟是纯度、明度还是色相。

图 5-20 所示的企业网站，运用了灰色作为主色调，纯度高的白色作为辅色，导航按钮采用了纯度高的绿色，低纯度和高纯度的对比让整个网站有很强的跳跃感，给网站增色不少。

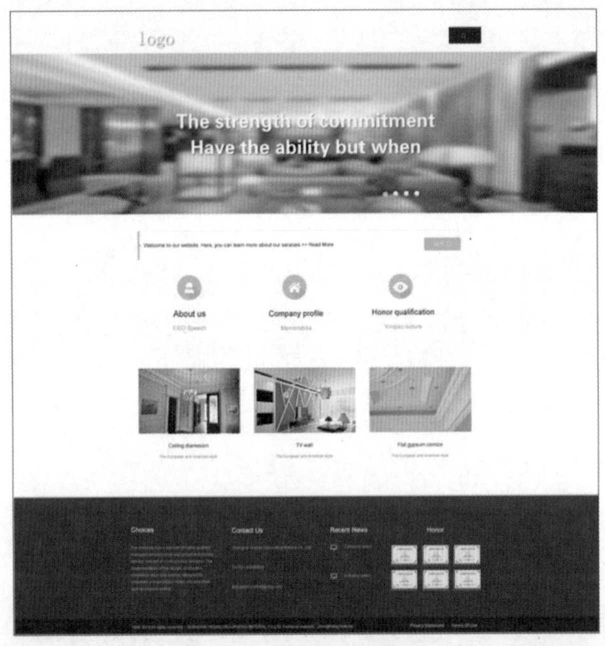

图 5-20

5.4.3 学校网站图片配色

人的视觉对色彩最敏感。首页的色彩搭配恰到好处，可以使整个网站看起来亲近，会使人产生继续访问的冲动。

学校网站的图片一般偏向于使用绿色、蓝色等色彩，寓意积极向上的色彩，可以带给人一种光明的理念。

整个网站的色彩需要整体的协调、局部的比较。这样整体的色彩搭配效果和谐，给眼睛一种舒服的感觉，比较亲近、和谐。局部可以小范围使用一些具有冲击力的强烈色彩来比较。

图 5-21 所示的网站中，背景使用淡淡的色彩，给人清透的感觉，搭配高纯度的黄色进行点缀。网站主要使用了黄色、绿色和白色，巧妙地进行了呼应。

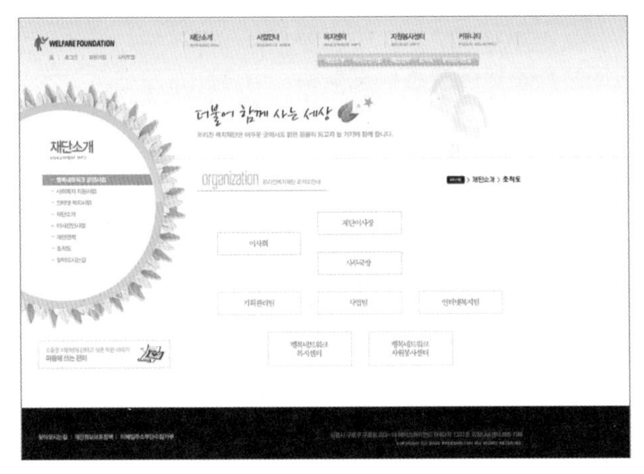

图 5-21

▶ 5.4.4 民族网站图片配色

色彩还有一个特点就是民族性。由于环境、传统、文化的不同，各民族会对色彩的偏爱存在很大的不同。好好利用这些在色彩偏爱方面的不同，可以让首页变得更加有个性，而且具有深刻的艺术意境，提升首页的文化品味。

图 5-22 所示的网站中，图片和主题相融合，运用了渐变的色彩，更加增添了网站的凝聚力，网站中使用的具有民族性的色彩，往往会让浏览者记忆深刻，有一种庄严感。

图 5-22

5.5 网站整体布局配色

从整体来看，网站最重要的就是信息架构、内容和布局配色。本节将详细介绍网站整体布局配色方面的知识。

5.5.1 美食网站布局配色

色、香、味俱全的大幅美食图片，应该是美食类网站自我推广时最有效的法宝，这类网站中图片面积可以占到版面的很大一部分。美食类网站一般以直观的表达方式来突出主题其色彩搭配要对比强烈，能吸引人的注意力。

美食类网站的设计建议：红色、橙色和黄色能引起人们的食欲；蔬菜自然的绿色在炎炎夏日可以给人清凉的感觉。这几种颜色经常运用在美食类网站中，如图 5-23 所示。

图 5-23

5.5.2 教育网站布局配色

教育类网站在设计上要体现出专业性，给人以可信赖的感觉。在配色上应使用令人感到诚实、积极的颜色。学校的网站应该突出自身的特点，营造出良好的学术氛围。

教育类网站的设计建议：教育类网站的页面应当干净、明亮、简洁，为访问者营造出一个清新、温馨和舒适的学习环境。在这里作者比较倾向于以蓝色调为主，蓝色代表理性和冷静，不仅可以体现出网站的相关专业性，还可以让浏览者在观看网站的时候具有相对平和的心态，如图 5-24 所示。

图 5-24

5.5.3 艺术网站布局配色

艺术是最生动、最具有感召力的。艺术类网站的版式风格是可以独树一帜、不拘小节的。艺术类网站的配色推荐采用独特的设计和精美的图片。以图片为主是艺术类网站的主要特征。

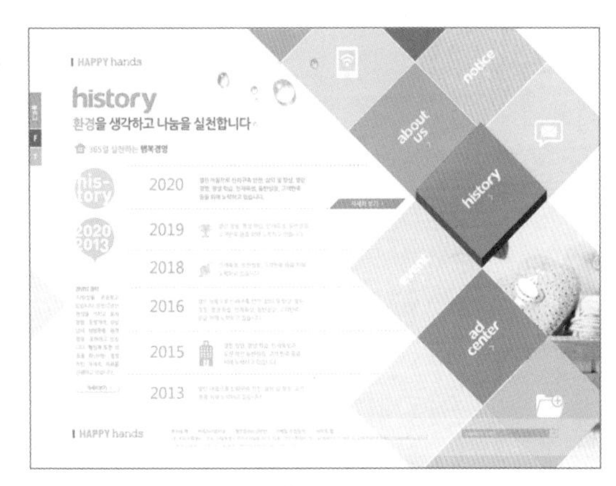

图 5-25

艺术类网站的设计建议：此类网站在色彩的搭配上多使用邻近色或强烈的对比色，让网站有视觉的跳跃性并且突出网站的特点。图 5-25 所示的网站中，采用了不同的邻近色拼接，并与大面积的白色进行搭配，使整个网站既跳跃又和谐。

5.5.4 企业网站布局配色

企业文化是企业网站的灵魂，企业产品是企业网站的血液。企业类网站要抓住这两个方面，版式设计要以文字与图片相结合的形式，商品图片一定要保持真实性，商品文字描述的字体以正规的 14 号黑体为主，并且此两者所占的版式比重应该是最大的。

企业类网站的设计建议：企业类网站风格严谨、理性、大方，配色也多以冷色系为主，在设计中不能运用过多的其他颜色，如图 5-26 所示。

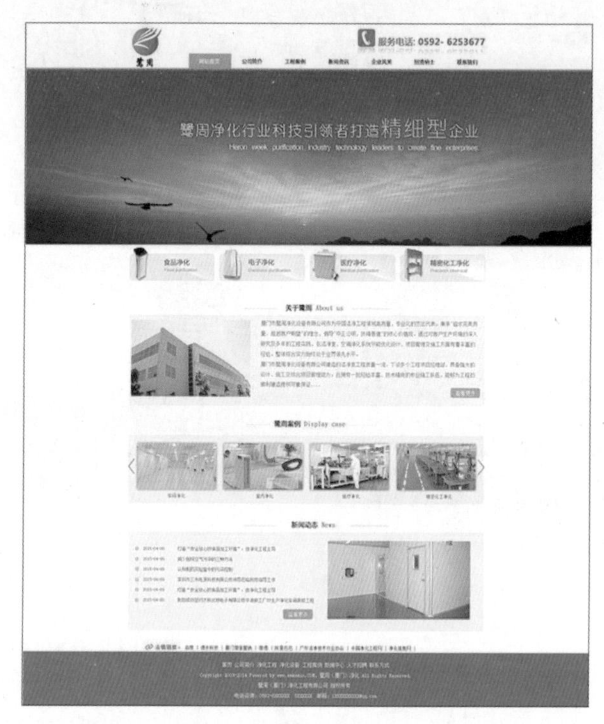

图 5-26

第6章

网页交互配色

本章要点

- 网页按钮配色
- 页面交互配色
- 弹出菜单配色
- 超链接配色

本章主要内容

本章将主要介绍网页按钮配色、页面交互配色方面的知识与技巧，同时还将讲解弹出菜单配色和超链接配色。通过本章的学习，读者可以掌握网页交互配色方面的知识，为深入学习网页配色奠定基础。

6.1 网页按钮配色

一个简单的按钮需要经历无数次设计，其色彩要与整个网页进行搭配，使整个网页突出页面整体布局。本节将详细介绍网页按钮配色方面的知识。

6.1.1 产品网页按钮交互的颜色搭配

在网页设计时，图 6-1 所示案例遵循的是背景为浅色，主要展示内容选用鲜艳的颜色。这样通过颜色层次搭配的页面不需要多余设计，色彩语言将需要表达的主次从属关系展示出来，在视觉效果上已按照人类认识事物的规律进行设计，阅读起来更加舒适，即所谓提高用户体验度。

需要注意的是，为了更好的视觉效果，背景颜色若采用纯色，可在纯色中添加一些元素设计（渐变色、图形、线条等）防止用户视觉疲劳。如苹果公司官网，背景采用的是黑色、白色主题内容展示手机、蓝色链接按钮，层次分明。

依照苹果公司官网的设计，用户首先看到的是屏幕中的手机，接着是 iPhone X 的名称、介绍等；其次是背景中的导航条和搜索框，主色调为简洁的黑色和白色；交互按钮采用了亮蓝色，在画面中既不抢夺整体效果，也起到了引起注意的效果。

图 6-1

☆ 经验技巧

对于按钮配色来说，颜色本身对按钮的影响非常小，颜色的影响在于按钮对整个页面视觉层级的效果影响。一般情况下，按钮采用的颜色为画面中的色彩。

6.1.2 服装网页按钮交互的颜色搭配

在大部分人的眼里，使用浅色背景会配深色按钮；相反，使用深色背景一般会配浅色按钮。但是，网页交互设计并不是这么简单的。

为了增加用户看到按钮的可能性，设计时应最大化按钮的文字与按钮本身的发光对比度。

可以结合这两个策略来达到最大的效果。如果网页是浅色背景的，那么一个深色的按钮和浅色的按钮文字相配合，会让按钮更容易被注意到。

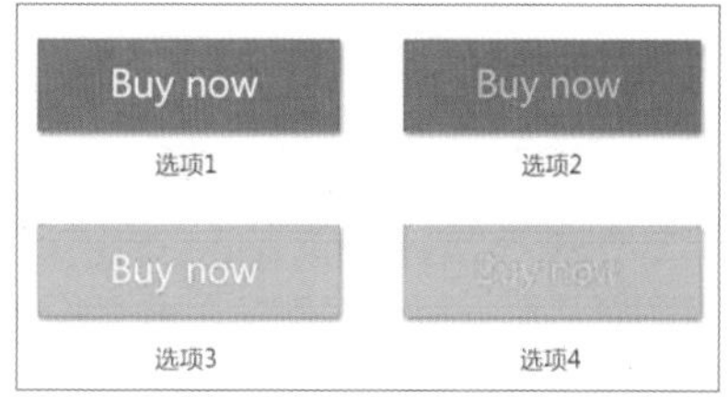

图 6-2

让我们来看一个例子，假设网站使用白色背景，而品牌规范允许在按钮中使用两个绿色的色调和白色或灰色的按钮文字。在这个例子中，发光对比度最高的是深绿色的按钮搭配白色的按钮文字，如图 6-2 所示，选项 1 的效果更加的明显。

再来看一个例子，图 6-3 所示的网页使用了高发光对比度的按钮。

图 6-3

6.1.3 文教网页按钮交互的颜色搭配

绿色的用途极为广泛。在农业、文教、餐饮等领域，使用绿色都不会令人感到俗气。图 6-4 所示的案例主要想表达的是：用户单击按钮的同时，背景颜色变暗，按钮颜色增亮。使用亮绿色按钮，是在原有的基础上增加了网页的行为召唤力，使每一处色彩都在暗示并且指引用户点击和查看。

图 6-4

6.1.4 店铺网页按钮交互的颜色搭配

图 6-5 所示的案例中，背景颜色采用的是柠檬绿，使用单一化的色彩设计，让页面上的内容尽可能看起来简单清楚和充满活力。网页的交互按钮采用的是动画形式。亮蓝色按钮可以巧妙地引起用户的注意，整个画面两个颜色的对比增加了视觉冲击力。

图 6-5

6.1.5 美食网页按钮交互的颜色搭配

凡是食品都讲究“色、香、味”，“色”排在首位，指的是食品的颜色、色泽，由此可见色彩对食物的影响有多大。不同的色泽搭配，可在一定程度上提高不同人群的食欲。

图 6-6 所示的案例中主要介绍的是牛排主题网页。一般美食类网页采用美食的精美图片作为背景，高质量的美图可以突出主题，按钮的颜色一般采用美图的相近色，可以使整体画面更加和谐。

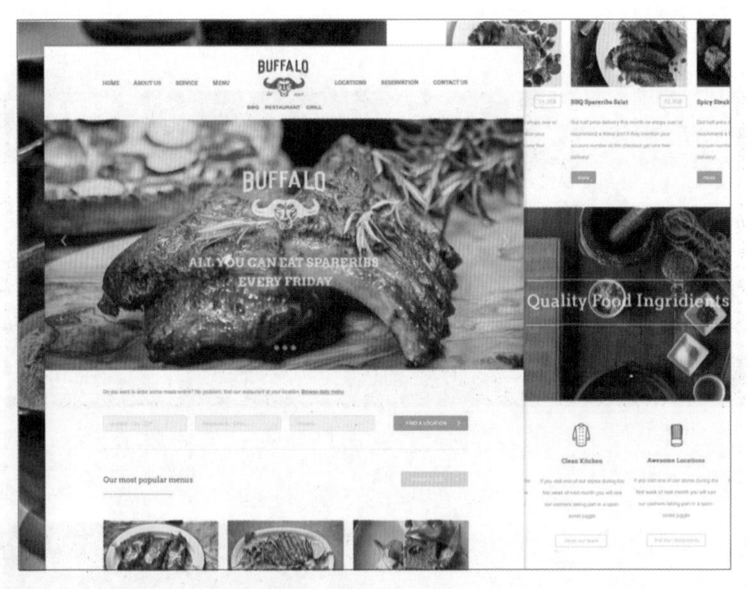

图 6-6

☆ 经验技巧

一般来说，平坦且不显眼的按钮可能被误认为是设计元素。当将光标悬停在按钮上时，不要忽略颜色变化或阴影外观等效果，这些效果会告诉用户该项目是可点击的。

6.2 页面交互配色

虽然已经完成网页框架的搭建和页面的设计，但对色彩把握不准，这很可能会导致整个设计失败。页面的交互配色，是最先也是最持久的网站形象。本节将详细介绍页面交互配色方面的知识。

6.2.1 单色基调页面交互的配色搭配

可以为网站基调选择无数种颜色，不过如果还处于初学阶段，最好采用最简单的颜色，比如白色或者浅灰色与深灰色的配色搭配，这样的搭配更加的大气。

不难发现，大部分热门的网站以白色或浅灰色与深灰色搭配为主，这当然也是有充分理由的。这样的搭配对访客而言，提高了网站内容的可读性，并且把网站的图片突出在最前方，可以突出主题。背景色一般采用全白色，这样可以搭配任何文本，是最安全的颜色。如果背景色是灰色基调的，文字最好避免使用墨黑色，深灰色一般更容易阅读。

当然，这些颜色的选择都不是固定不变的。对于新手，单色基调方案是可以放心使用的，如图 6-7 所示。

图 6-7

6.2.2 汽车页面交互的配色搭配

Cruise 网站整体风格使用黑色调，简约而大气。黑色的背景搭配白色的文字和交互按钮，使整体页面显得高端大气，如图 6-8 所示。

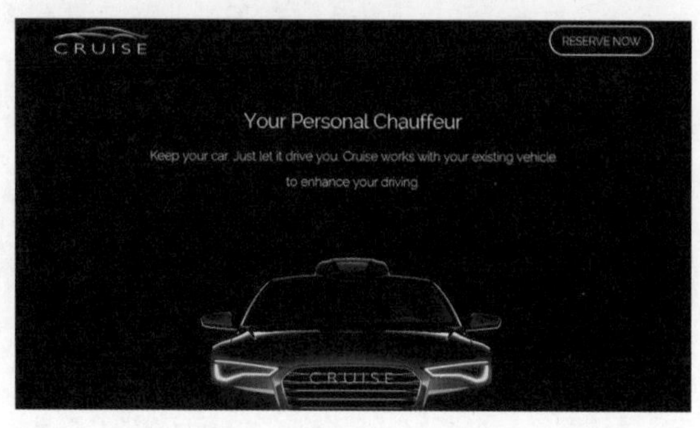

图 6-8

6.2.3 科技页面交互的配色搭配

蓝色作为天空和海洋的颜色，称之为“宇宙色”，自带浩瀚和广大的效果，是其他颜色所无法比拟的。又因为它是绝对的冷色调，因此在表达逻辑、理性、男性、专业、科技等主题上得以大量运用。

蓝色的色调也是相当丰富的，从深邃忧郁的深蓝，到柔和清爽的粉蓝……并不是每一种蓝色都是冷感的，这种感觉随着颜色的明度和纯度而变化，如图 6-9 所示。

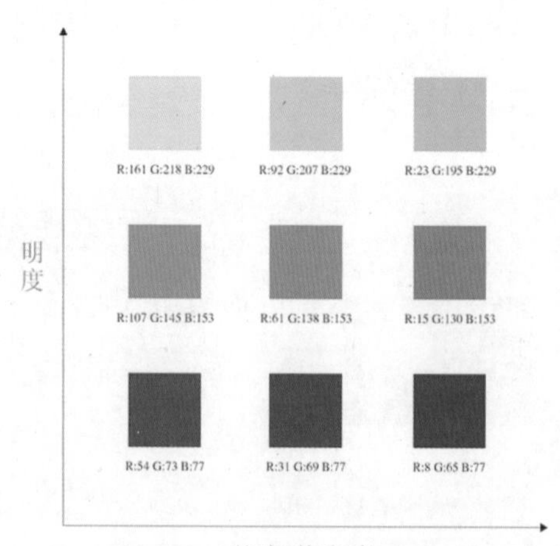

图 6-9

蓝色象征着科技，这一点已为大众所接纳，因此，以蓝色作为背景，对蓝色的大面积运用，在科技主题中尤为常见。以高明度、高饱和度的蓝色作为主题色，抛弃了蓝色的忧郁，非常富有活力。由于蓝色容易使人联想到水、天空、海洋等，因此它能最大程度地发挥这类自然元素的视觉特性。图 **6-10** 所示的案例采用了高纯度的蓝色和白色相接，画面简洁大气，顿时让页面变得非常具有科技感。

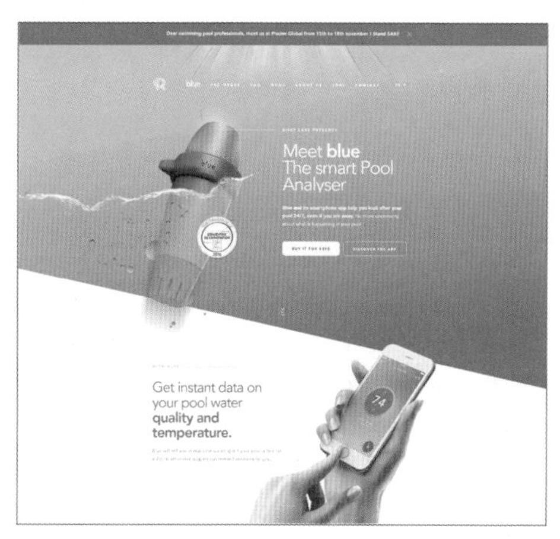

图 6-10

6.2.4 个性页面交互的配色搭配

蓝色是冷色系，因此，为了让画面不至于太冷，增加暖色系是解决视觉平衡最好的做法。红、橙、黄这几种颜色都是不错的选择。由于这些暖色一方面和蓝色有强烈的对比，另一方面又能使画面回暖，因此在蓝色为主题色的页面中增加暖色，可以说是常见的交互配色手法。

选用怎样的暖色，其实完全取决于所使用的蓝色是怎样的色调。并不一定是高明度、高纯度的蓝色才是最优的选择，尽管目前这一色彩受到科技界的高度青睐。

图 **6-11** 所示的页面中选用了比较黯淡的蓝色为主题色，明度相对较低，蓝色有着淡淡的怀旧感，与此同时，橙红色也作为强调色，让画面显出活力。

图 6-11

6.2.5 风景主图页面交互的配色搭配

风景照片能表达的主题也非常广泛：广大、辽阔……这些都给足了设计师非常优质的素材，而将风景照片作为大图背景，也是近几年流行的页面样式。

所不同的是，这些风景照片中色调的不同，带来的视觉感受也不相同，所以，与此相匹配的色彩也有所不同，这个需要根据风景照片的色彩来决定页面的交互配色，如图6-12所示。

图 6-12

6.3 弹出菜单配色

弹出菜单的作用是当用户需要探索下一级内容时，为用户交互提供便利，并弹出相关信息。它的配色也会影响整体页面的效果。本节将详细介绍弹出菜单配色方面的知识。

6.3.1 综合网页弹出菜单的颜色搭配

图6-13所示的例子是一个电影类综合网页，其弹出菜单的形式是图片加文字的形式，而且按规则排列，背景采用白色。简单的背景可以让用户将注意力集中在图片和文字上，导航菜单之间增加了一个标题，这样的设计可以为太长的菜单分级，使浏览者易于识别。

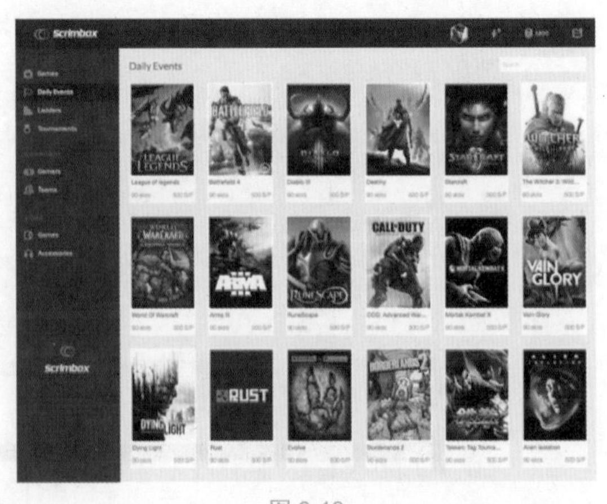

图 6-13

6.3.2 公司网页弹出菜单的颜色搭配

图 6-14 所示网页的主色调为蓝色。当蓝色沉寂下来，我们并不会因此而觉得压抑，只要增加其饱和度，这种蓝色就会显得非常有质感，体现出某种专业的感觉。在公司的网站中，这种体现专业感的蓝色显得中性并且毫不浮夸，提升了观者的信赖感。

当光标滑过导航栏的时候，弹出的菜单采用的是降低了透明度的蓝色，使背景图层和弹出菜单图层进行呼应，主色调还是以蓝色为主。

图 6-14

6.3.3 品牌网页弹出菜单的颜色搭配

在我们浏览网页的时候，通常会弹出一些促销活动的菜单。弹出的菜单，会起到吸引用户的作用，大多数会出现在购物网站上。图 6-15 所示的案例采用了弹出式菜单，运用了柠檬绿色与运动鞋进行搭配，使页面显得年轻而又富有活力，画面文字简洁。

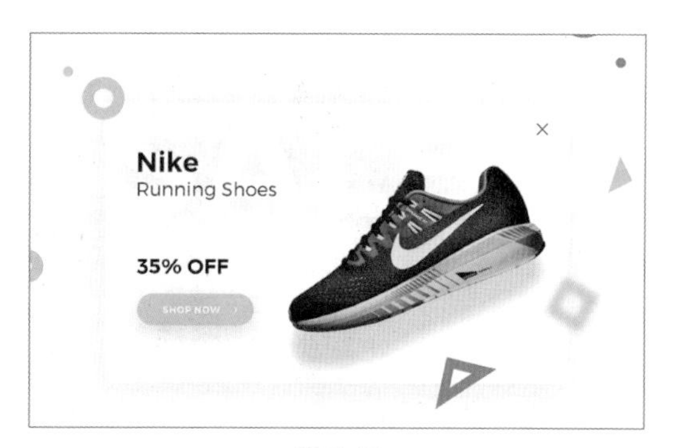

图 6-15

6.3.4 个性网页弹出菜单的颜色搭配

图 6-16 所示的案例中，冲浪者的形象与目标用户产生了强烈的共鸣，具有强烈的情感色彩。黑白照片在很多方面影响着用户，创造了一种永恒的戏剧感。冲浪者不喜欢错过海浪，所以，用冲浪者的图片配合文字设计，更能促成用户的转化，整体风格简约。

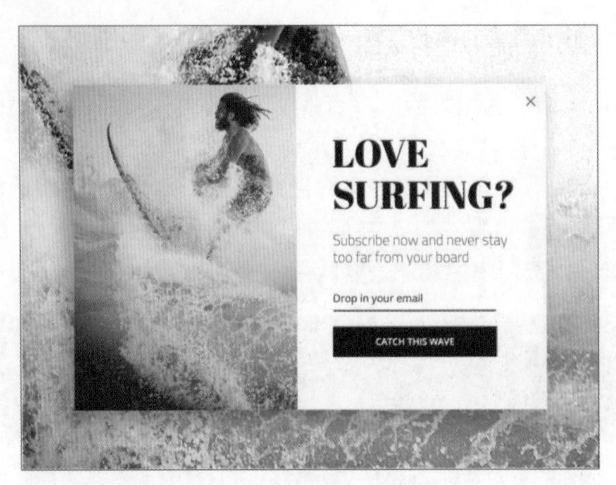

图 6-16

6.3.5 宠物网页弹出菜单的颜色搭配

有的弹出菜单为了引起用户注意，会采用比较艳丽的色彩，与整个网页颜色形成对比。

当然，这类网页的弹出菜单，需要设计得简洁。比如提供商品价格之类信息的网页，这种网页菜单设计得越简单效果越好，颜色对比越明显效果越好，如图 6-17 所示。

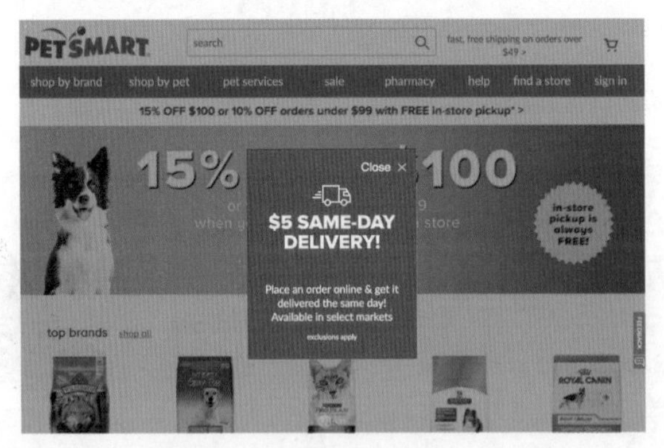

图 6-17

6.3.6 商城网页弹出菜单的颜色搭配

信息量大的商城网页，在弹出菜单的设计上，整体颜色数量不能超过 6 个。每一个信息框要表达的主题需要统一在一个色调内，这样才不会造成用户迷惑。这里挑选了一组在线商城的会员 / 代金券 / 升级的 App 弹窗设计，如图 6-18 所示。

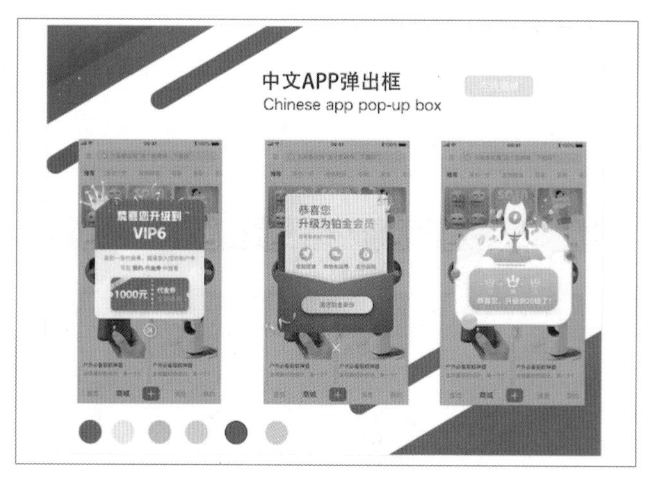

图 6-18

6.3.7 动画网页弹出菜单的颜色搭配

有点搞怪的动画，非但不会打破基本的弹出菜单设计规则，还额外增加了一些趣味。如图 6-19 所示，如果增加一个小的摆动动画来配合那个外星人可爱的表情，用户一定不忍心拒绝使用，菜单颜色采用与网页主色调一致的色彩搭配。

图 6-19

6.4 超链接配色

默认的超链接样式显然无法满足浏览者的审美需求。在成熟的页面设计中，超链接的样式和色彩都是经过精心设计和搭配的。本节将详细介绍超链接配色方面的知识。

6.4.1 公司网页超链接颜色搭配

一个公司的网页不可能是单一的一页，所以文字与图片的超链接是网页中不可缺少的一部分。如图 6-20 所示，采用颜色的深浅作为超链接的色彩搭配，让它与文字的颜色有所区别，整体色调采用蓝色，画面和谐简约。

图 6-20

6.4.2 室内装饰网页超链接颜色搭配

超链接在本质上属于网页的一部分，是一种允许用户同其他网页或站点之间进行链接的元素。

超链接是指从一个网页指向一个目标的连接关系，这个目标可以是另一个网页，也可以是相同网页上的不同位置，还可以是一张图片、一个电子邮件地址、一个文件，甚至是一个应用程序。

图 6-21 所示的室内装饰网页，画面的整体布局是上部是导航，下部是图片，适应于大众的视觉审美，背景采用白色，简约而不简单，使装饰的风格更加有格调，在画面最凸显的位置，添加了左、右箭头，用来作为画面的超链接，使读者一目了然，黑白的搭配与整体画面协调一致。

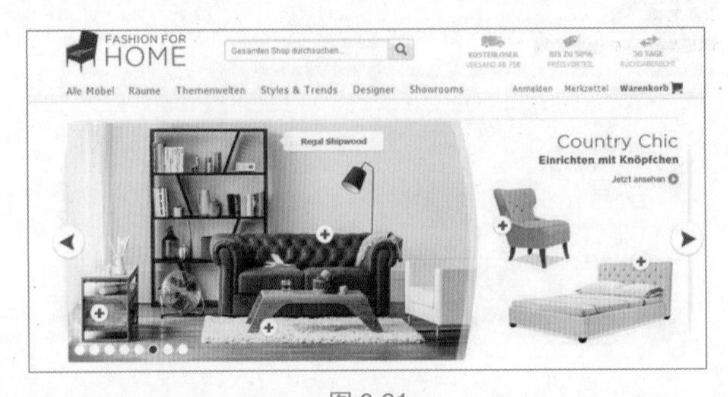

图 6-21

6.4.3 餐饮类网页超链接颜色搭配

餐饮类网页的超链接一般采用图片的形式。图 6-22 所示的案例中，背景色调采用暗色系，色彩鲜艳的美食图片与背景形成视觉冲击。画面排列规整，色彩不超过 5 种。重点区域的色彩与侧面色彩的颜色区分，可以将用户的注意力集中在画面中心位置。

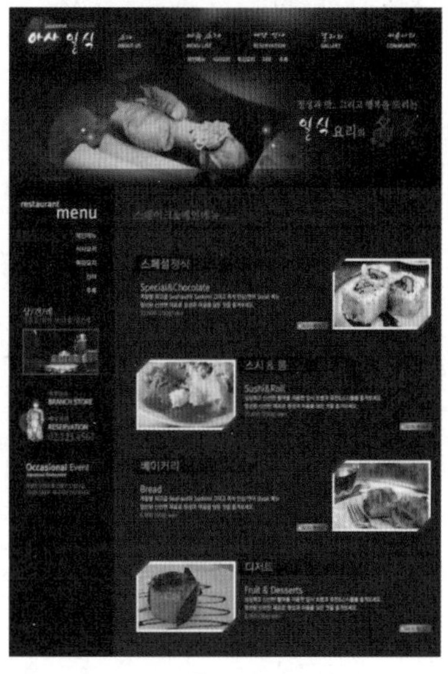

图 6-22

6.4.4 数码产品网页超链接颜色搭配

在设计网页中，如果要使设计充满生机，布局稳健，或者具有高冷、温暖、寒冷等感觉，就应该从整体色调的角度来考虑，控制好整体色调的色相、明度和纯度。

在设计超链接时，将色彩作为重点的点睛之笔，需要设计重点色。如图 6-23 所示，在大面积为深色的背景下，其中红色重点色占用的面积很小，但是明度高，可以很好地平衡低明度的主体区域，同时有给浏览者眼前一亮的感觉，增加了超链接的色彩搭配。

图 6-23

第7章

常见的网站色彩搭配

本章要点

- 门户网站色彩搭配
- 企业网站
- 活动类网站
- 购物网站
- 产品展示详情页

本章主要内容

本章将主要介绍门户网站色彩搭配、企业网站方面的知识与技巧，同时还将讲解活动类网站、购物网站和产品展示详情页。通过本章的学习，读者可以掌握常见的网站色彩搭配方面的知识，为深入学习网页配色奠定基础。

7.1 门户网站色彩搭配

色彩是企业网站设计风格的前提，色彩搭配得当的网页设计可以给浏览者形成强烈的视觉冲击，这是网站能吸引浏览者的关键。因此，设计师应合理使用色彩搭配来突出企业网站的主要内容，从而使该网站得到更广泛的关注。本节将详细介绍门户网站色彩搭配方面的知识。

7.1.1 门户类网站配色分析

门户类网站是为上网用户提供信息搜索、网站注册、索引、网上导航、网上社区、个人邮件等功能并进行分类、整合服务的站点。

目前不少门户网站正朝着专业门户网站的方向调整，只针对某一类特定用户群提供相应的专业信息，即逐渐演变为垂直门户。垂直的意思就是把某一类的信息做深，这也是众多门户网站所追求的。在强调垂直的同时加强门户的概念，不是简单地追求内容的垂直深度，而是同时追求在某一专业领域内有一定深度的专业门户。

门户网站的特点是提供几个经典服务，首页在设计时都尽可能把能提供的服务包含进去。特征是信息量巨大、频道众多、功能齐全，访问量也非常大。

页面设计以实用功能为主，注重视觉元素的均衡排布，以简洁、清晰为目的。 对以呈现信息为主的门户网站而言，和谐的色彩色调能提高信息获取速度，比字形和字体的变化更能提高理解的准确度。当前，一些政府门户网站在色彩色调方面的问题主要有：色彩使用过多， 造成色彩杂乱相互冲突，色彩观感矛盾，主色调不明确；文字、图片、动画等要素的色彩处理不一致，整体效果不佳，割裂了网页色彩的整体感；网页色调过于鲜艳，色彩对比过于强烈，视觉跳跃过于明显，引起浏览者视觉疲劳和注意力分散；文字颜色和背景色对比不明显，降低了阅读效率。因此，在这里以政府类门户网站作为案例，建议政府门户网站的色彩色调设计要尽量做到稳重、不夸张、大气、不局促、素雅、不浓烈、协调、不跳跃，如图 7-1 所示。

图 7-1

▶ 7.1.2　定位门户网站主色调

主色调是页面的主要色彩倾向，企业网站设计中非常重视主色调的作用，如 IBM 的蔚蓝色、可口可乐的红色、联想集团的蓝色等，这些颜色与企业形象融为一体，已经成为企业的象征。

当前，政府门户网站主色调的选择以红色居多，有千篇一律的感觉。其实设计者完全可以根据网站的创意、主题和使用对象，以及利用色彩想要达到的视觉和心理效果，大胆选择黄色、灰色、绿色等作为主色调，如图 7-2 所示。

图 7-2

☆ 经验技巧

主色调确定后，就要合理运用色彩规律。以主色调为中心，利用色彩的明度、纯度、色相三要素的变化，适当增加其他色彩作为对比色和补色，选取辅色调、点睛色、背景色等组成配色方案，和主色调一起构成有节奏韵律、和谐统一的色彩关系。

▶ 7.1.3　今日头条门户网站色彩分析

今日头条是互联网上知名的公司，一直有很高的访问流量。今日头条致力于成为互联网上知名的媒体，涉及的领域有网络门户、电子商务、科技、娱乐、网络通信等，提供的服务还包括视频、直播等。

今日头条的框架结构为上左右结构式框架，确切地说是左右结构。整个网站的主要内容都集中到了左右信息内容上。右边的红色将整体视觉块面划分出了信息结构的不同区域。相对于其他一些门户网站来说，今日头条的用色比较清爽、干净。整体来看，网站以白色作为背景色，红色作为辅色，点睛色无疑是顶部左上角的标志“今日头条”，这也是网站中纯度最高的颜色。

页面中文字的颜色使用了低纯度的黑色和点睛的高纯度颜色，其中普蓝色的文字是网站的超链接形式，光标放上去会有很微妙的明度变化及下画线的出现。说明性文字用的是黑色。信息内容框里的标题，主次关系排视觉第一位，内容主要缩小字号，做了粗细变化，重点区域用文字的加大加粗来做比较。从文字上看，体现了门户网站对细节推敲的严谨性，如图 7-3 所示。

图 7-3

☆ 经验技巧

机构类网站主要是为上网用户提供信息通知、信息引导服务等功能。机构类网站的特点是在设计首页时尽可能把所有提供的服务包含进去。特征是信息量大、板块多、访问量大。页面设计以实用功能为主，注重视觉元素的均衡排布，以简洁、清晰为目的。

7.1.4 搜索框对于门户网站的意义

绝大多数网站都是需要搜索框的，搜索框对于提升网站用户体验度有非常大的作用，尤其是在网站内容多的时候。我们都知道搜索框的作用在于可以快速帮助用户找到自己感兴趣的产品或内容。实用且美观的网站搜索框能够获得用户的好感，因而搜索框也成了网页设计的一个重要环节。

搜索框作为网站比较重要的部分，往往也是用户比较需要的功能，放在显眼位置就显得非常合理。用户可快速找到搜索框，节省用户的时间就是在提升用户体验度。搜索框在配色上需要有一定的讲究，做到美观和谐，以此来增加搜索框的存在感。

搜索框需要有自己的特色，同时符合网站整体设计风格，给用户留下印象。搜索框长矩形的形状和提示文字等应是简单清爽的。

虽然搜索框按钮存不存在对网站功能并没有影响，我们可以用 Enter 键来取代它的功能，但是大多数用户还是有使用搜索框按钮的习惯。其次，搜索框按钮也是搜索框象征性的一个标志，起到了提示用户的作用。

我们在使用百度进行搜索的时候，在输入内容以后会看到一些与输入内容相关的搜索提示。产品型的网站一般是站内搜索，我们可以根据用户之前搜索的相关内容进行推荐。这种操作不仅可以提升用户体验度，而且也是对自己产品的一个实时、有效的推荐。

搜索框的设计对于网站是很重要的，尤其是对于门户网站，网站搜索框功能的完善绝不可忽视，如图 7-4 所示。

图 7-4

▶ 7.1.5 文字色彩与可读性

在用户浏览网页时，虽然高饱和度的文字更易于吸引注意，但同样也容易引起视觉疲劳，所以高饱和度的文字并不易于阅读。

以图 7-5 所示的文字介绍为例，目前，除去频道和首页，全站文字链接统一使用蓝色，色值为 #014CCC，饱和度较高，在用户浏览时更易于吸引注意，但同样也容易引起视觉疲劳。图中，下半部分的文字降低了饱和度，是不是比上半部分的文字读起来更加舒服？

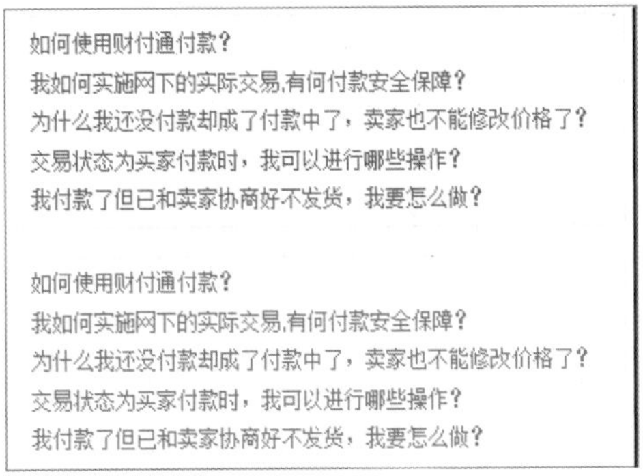

如何使用财付通付款？
我如何实施网下的实际交易,有何付款安全保障？
为什么我还没付款却成了付款中了，卖家也不能修改价格了？
交易状态为买家付款时，我可以进行哪些操作？
我付款了但已和卖家协商好不发货，我要怎么做？

如何使用财付通付款？
我如何实施网下的实际交易,有何付款安全保障？
为什么我还没付款却成了付款中了，卖家也不能修改价格了？
交易状态为买家付款时，我可以进行哪些操作？
我付款了但已和卖家协商好不发货，我要怎么做？

图 7-5

每一种颜色的光因主波长不一样，所以造成人眼视神经兴奋的饱和度临界值也不一样。在光谱中，红、橙、黄、绿、青、蓝、紫，波长依次减小，人眼视神经兴奋所需要达到的饱和度呈先增后减的弧状。

波长较长的颜色和波长较短的颜色，相对较低的饱和度就能够刺激视觉神经兴奋，而波长处于中间的绿色、青色，则需要相对较高的饱和度才能刺激视觉神经兴奋，由图 7-6 可以看出，蓝色也属于饱和度兴奋临界点比较低的颜色，所以，应该慎用高饱和度的蓝色。

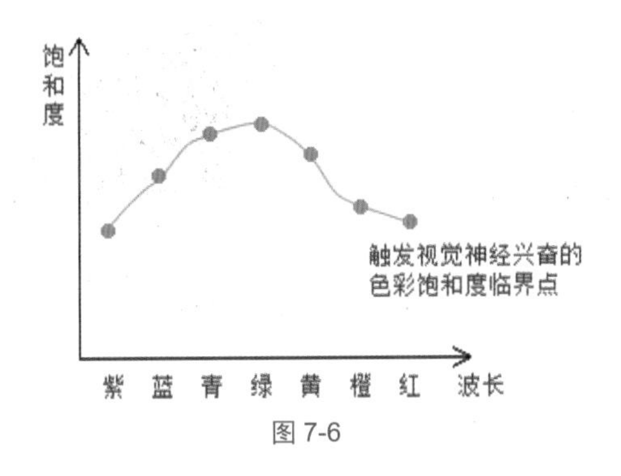

图 7-6

同等饱和度的颜色，红色和紫色最易产生视觉神经兴奋，其次是橙色、黄色和蓝色，再次是绿色和青色，因此，从单纯的色彩来讲，在设计中应尽量使用低饱和度的红色、紫色；禁止使用高饱和度的绿色、青色；少量使用高饱和度的橙色、黄色、蓝色。

7.2 企业网站

在企业门户网站的设计中，色彩的搭配和使用要具有科学性和针对性。本节将详细介绍企业网站配色方面的知识。

▶ 7.2.1 优化企业网站的设计

在网络发达的信息经济时代，企业发展的必由之路就是电子商务，因此，让企业进入电子商务领域是一个至关重要的问题。商业运作的电子化、网络化在阿里巴巴、京东、当当等领头电子商务网站的蓬勃发展下凸现出来。贸易的发展趋势是通过 Internet 技术的协助来完成的商品贸易。因此，网站设计尤为重要，它的形象代表着企业形象。

如何优化企业网站，下面通过三方面进行介绍：

第一，用户可以通过对网站的使用向企业进行反馈，网站及时吸收接纳合理有用的用户体验进行自身的升级优化，可以大大提高网站的吸引力，例如图 7-7 所示的网站中，在网页的右下角设置信息、邮箱之类。

第二，基于搜索引擎推广网站。搜索引擎可以快速获取优化网站设计的信息，引导用户发现相关信息。单击搜索，进入网站，获取信息和服务，直到成为真正的顾客。

第三，网站运营维护。企业网站经过网站优化设计后，才能与网络营销策略一致，真正具有网络营销导向。网站运营人员对于网站管理维护技术的升级也可同时作用于网络营销方式的运用以及累积更多营销资源。

图 7-7

▶ 7.2.2 企业网站的用色

企业网站的颜色是对企业具有代表性的，例如：必胜客公司网页色调主打暖色调——红色，因为醒目的红色满足快餐店引人注意，使过路人愿意进店消费的诉求。中国移动公司的深蓝色，苹果官网的灰白色等，它们对外的广告、海报也是与其一致的颜色。这也就说明了，每一个公司都有标准的颜色来代表公司的 CI 形象。

爱奇艺视频网站主要使用的是绿色，绿白的搭配让人产生舒适的感觉，突出公司悦享品质的理念风格。

网站颜色服务于公司风格。例如图 7-8 所示的生态类事业单位的主色调是蓝色，既突出了其以德立信、以能致胜的核心价值，还宣传了阳光透明、志同道合、竞争成长、高效执行、客户满意、公益慈善的单位文化。网站中蓝色和白色的混合，能体现高贵、大气、优雅的气氛，是该单位独有的风格。

图 7-8

7.2.3 企业网站色彩搭配方法

首先，网页设计者必须十分了解网站本身受众、商业诉求以及艺术追求等特点。其次，还应该拥有一定的美术基础和艺术审美。色彩搭配是美学与技术高度结合的工作，所以一个好的成品是综合艺术鉴赏性、技术严密性的。

搭配合理性：一个优秀的网页既要有艺术的追求，也要符合人类一般审美。它虽然属于平面设计的范畴，但有别于其他平面设计。由于考虑到人类自身生理接受程度，规避诸如视觉疲劳、恐慌、烦躁、焦虑等颜色污染，所以色彩搭配的合理性凌驾于艺术表达之上，在给人留有深刻印象之前，网页色调氛围应尽量是轻松、和谐的。

讲究艺术性：形式的原则按照内容决定，设计一种具有大胆艺术创新，又符合网站要求和一定艺术特色的网站。艺术的特别之处在于，它既有全民性，又极具个性且有据可循。所以一个受众面广、艺术格调高雅的网页色调搭配是网页设计的最高追求。

特色鲜明性：特色是一个事物或一种事物显著区别于其他事物的风格和形式，是由事物赖以产生和发展的特定的具体的环境因素所决定的，是其所属事物独有的。给人深刻印象的网页是特色鲜明、鹤立鸡群的，如图 7-9 所示。

图 7-9

▶ 7.2.4　企业网站配色技巧

尽可能选择较少或者相近的颜色来配合整个网页板块的空间构造，呈现出一种简洁的全面布局。下面介绍企业网站配色的技巧。

同色彩搭配：同种色彩搭配是指首先选定一种色彩，尽管网站设计要避免采用单一色彩，以免产生单调的感觉，但调整其透明度和饱和度，将色彩变淡或加深，而产生新的色彩，这样的页面看起来色彩统一，具有层次感。

邻近色彩搭配：邻近色是指在色环上相邻的颜色，例如绿色和蓝色，红色和黄色就互为邻近色。采用邻近色彩搭配可以避免网页色彩杂乱，易于达到页面和谐统一的效果。

对比色搭配：一般来说，色彩的三原色（红、黄、蓝）最能体现色彩间的差异。色彩的强烈对比具有视觉诱惑力，能够起到几种实现的作用。对比色可以突出重点，产生强烈的视觉效果。例如：红与绿、黄与紫、橙与蓝等。这种色彩的搭配，可以产生强烈的视觉效果，给人亮丽、鲜艳、喜庆的感觉。通过合理使用对比色，能够使网站特色鲜明、重点突出。在设计时，通常以一种颜色为主色调，其对比色作为点缀，以起到画龙点睛的作用。

暖色色彩搭配：使用色彩为集合色、黄色、红色、橙色等的搭配。运用这种色调，可以营造出网页沉稳、和谐、热情的氛围。

冷色色彩搭配：一般与白色搭配会获得较好的视觉效果，它是使用色彩为绿色、蓝色及紫色等的搭配，主要营造网页宁静、清凉和高雅的氛围。

有主题色的混合色彩搭配：以一种颜色作为主要颜色，同时辅以其他色彩混合搭配，形成缤纷而不杂乱的搭配效果，如图 7-10 所示。

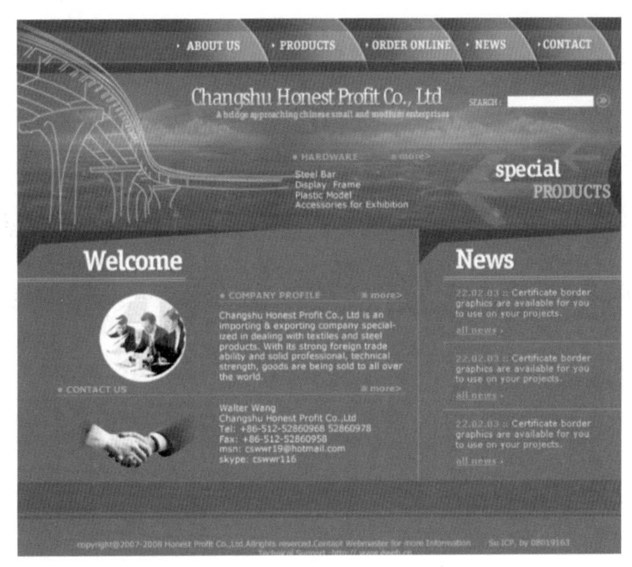

图 7-10

7.2.5 塑造企业网站形象

一个企业的形象是可以通过网站建设来塑造的，网站宣传企业和品牌信息，把企业的信息内容放到网站上，有利于客户及时了解企业动态，塑造出色的企业形象，给客户留下深刻印象。

网站的用户体验很重要，这点毋庸置疑。但是很多企业网站却恰恰忽略了这一点，可能是根本没有用户体验的概念，也可能是认为企业网站不需要追求用户体验。但不管原因是什么，用户体验这堂课是一定要补上的。

如何来塑造企业网站的形象？首先，网站的风格尽可能大气一些，时尚感与科技感强一些，配色要专业，不能给人一种粗制滥造的感觉。其次，在对网站更新内容时，内容排版应该符合基本的排版要求，如果有文章配图，应当进行简单处理，使图片看起来很精美。千万不能出现图片走形、失真等情况，否则将使网站的专业感大打折扣。再次，现在还有很多企业喜欢给页面加背景音乐，这实在是一个极其幼稚的行为。背景音乐最早是在个人主页刚刚兴起时喜欢玩的东西。到了近几年，都不在网站中加背景音乐了。最后，很多企业喜欢在自己的网站贴上各种各样的广告。这个思路是非常好的，适宜的广告图片，不仅能提升整个网站的专业度，而且还能够让访客快速了解到企业想要推荐的信息。但是很多网站在操作时却往往适得其反，比如说广告图片粗糙不堪，与整个网站格格不入；或者广告内容非常低俗；再或者广告过多。所以大家在放广告时，一定要考虑清楚，要保证在不影响用户体验，不影响整个网站美观度与专业性的情况下再投放，如图 7-11 所示。

图 7-11

7.3 活动类网站

活动类网站涉及的领域比较广，包含社区类、购物类、社交类和工具类。本节将详细介绍关于活动类网站配色方面的知识。

7.3.1 活动网站单色配色

对于新手设计师来说，颜色越少越容易把控画面。色彩层级越精简，就越容易达到整体色彩平衡。掌握好色彩的功能划分必然会让你的配色过程保持思路清晰，从而提高网页的视觉效果。

有些时候画面甚至只使用一种或者两种颜色也可以做出优秀的设计。一般情况下建议画面色彩不超过 3 种。3 种指的是色相，比如深红和暗红色可视为一种色相，黑白灰为无彩色，不算在内。

单色配色是指在同一色相上进行纯度、明度变化，搭配上并没有形成颜色的层次，但形成了明暗的变化。单色搭配可以产生低对比度的和谐美感，给人协调统一的感觉。如图 7-12 所示，网页使用单色（紫色）细微的渐变对比，画面并不会显得单调，而且还有着低对比度的和谐美感。

图 7-12

7.3.2 活动网站双色配色

色彩的数量越少，就越会呈现出强而有力的对比印象。在一个设计中如果只用两种颜色就能够完美呈现所要传达的效果，那么就没有必要添加任何其他辅助色彩了。因为色彩层级越精简，就越容易达到整体色彩平衡，也越容易把控。图 7-13 所示的案例中，广告语使用高纯度、高亮度的黄色，在低明度蓝色背景上，产生了非常强烈的对比，很好地把信息传递给了受众。

图 7-13

如图 7-14 所示，在灰白色背景上，通过紫、黄色对比很好地拉开层次，给人简洁大气的感觉。

图 7-14

7.3.3　活动网站多色配色

一些促销、节日、儿童、食品等设计，要求画面体现热闹、充满活力的氛围，常会使用多色搭配使画面显得活跃。色彩数量使用越多，就越会形成热闹、愉悦的印象。在图 7-15 所示的网站画面中，背景色为白色，紫色和粉色占有大面积的颜色，红色、黄色、粉色作为点睛色，突出了购物网站的特色，抓住了用户的视觉审美。

图 7-15

▶ 7.3.4 常见网站的配色方案

一般情况下，网站配色的比例为 70∶25∶5，其中的 70% 为大面积使用的主题色，25% 为辅助色，5% 为点缀色。当然不是说每个设计都要遵循这个配色比例，这只是一个非常有用的配色规律，任何一个设计版面中通常都要有一个最主要和突出的颜色作为画面的主角，其他作为辅助或衬托的颜色则会作为配角，按照各自关系和强度呈现。

通常配色设计过程是从确定主题色开始，再选择与之搭配的辅助色，最后根据造型、排版等方面调整增加多个点缀色。

主题色：是整个色调的核心颜色，通常也是相对占比最多的颜色，它决定了整体的风格和基调。

辅助色：画面中占比相对较小的颜色，它通常起到辅助主题色、丰富画面的作用。一般是品牌色、产品颜色、大标题的颜色，常常是画面最重要的颜色，传递的是核心信息。

点缀色：面积较小的色相，给主题色、辅助色增加对比效果，让画面视觉效果更丰富细腻。

图 7-16 所示的活动网站为巴拉巴拉儿童服装网站的截图，其中主题色为蓝色，大面积的蓝色确定画面的整体气氛，辅助色为黄色，高纯度的黄色和低纯度的蓝色形成鲜明的视觉对比，更加清晰地表现出主题思想，点缀色呼应了整体网站风格。

图 7-16

7.4 购物网站

在当今社会，足不出户即可购买到自己所喜欢的商品，购物网站已经成为当今社会的主要购物社交媒体。本节将详细介绍购物网站配色方面的知识。

▶ 7.4.1 巧用色相环色彩搭配

色彩搭配不只是需要设计师具备一定的色感能力，也需要设计师理解色彩之间的关系，合理有效地运用它们达到和谐平衡关系。色相环是我们认识颜色关系的重要工具。

12 色相环由 12 种基本的颜色组成。首先包含的是三原色，即蓝、黄、红。三原色混合产生了二次色，用二次色混合产生了三次色，如图 7-17 所示。

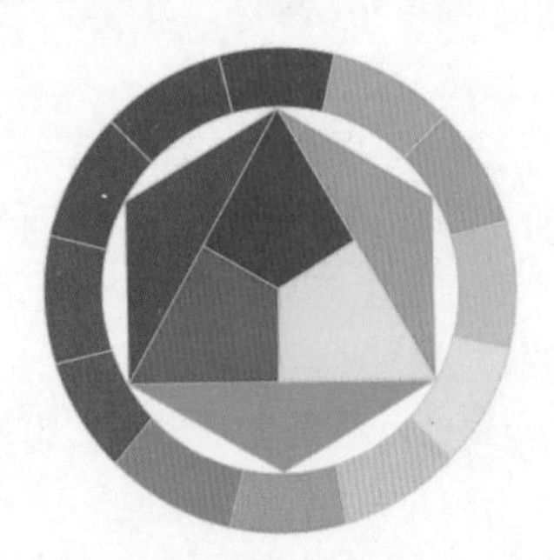

图 7-17

参考色相环，选取其中某一种色相作为基准色相，通过色相环可以很容易了解到基准色和其他五种色相之间的关系，色相离得越近搭配越柔和，相隔越远对比越强烈。

图 7-18 所示的案例中，橙色与红色色相距离较近，对比比较柔和，橙色的产品在红色背景上显得协调统一；绿色与红色色相相隔较远，对比较强烈，绿色的产品在红色背景上显得比较突出。两组画面产生了两种不同的视觉效果。

图 7-18

▶ 7.4.2　相似色搭配购物网站

下面以相似色色彩搭配为主题。相似色搭配中的不同色相具有较强的相似色因素，但也存在适度的对比，是既有对比又协调统一的色彩基调。

图 7-19 所示的案例中，蓝色和紫色、绿色是距离最近的颜色，既有相似色因素，又存在着适度的对比，视觉效果比较柔和。

对比柔和的配色特点。

优点：对比比较柔和、容易把控。

缺点：冲击性弱，运用不得当会单调，缺少视觉层次感。需要通过纯度和明度的变化拉开画面层次，避免产生单调、呆板的感觉。

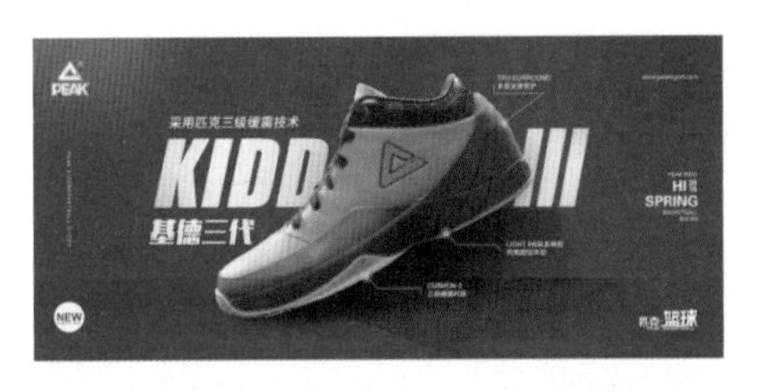

图 7-19

▶ 7.4.3 对比色搭配购物网站

对比色的对比是指在色相环中相距 120° 左右的色彩所产生的对比。对比色对比由于色彩差异比较大通常产生的视觉效果强烈而鲜明，蓝色和黄色、红色属于对比色，具有强烈的对比，视觉效果丰富、富有动感，如图 7-20 所示。

图 7-20

7.4.4　互补色搭配购物网站

在色相环上直线相对的两种颜色，是对比最强的搭配，因此在视觉上会产生极大的隔离作用，它们组合在一起，会产生相互衬托、相互抗衡、相互排斥的感觉，并使各自的色相更显突出、更为艳丽，具有强烈的视觉冲击力。

蓝色和橙色是互补色，对比性最为强烈，高亮的橙色可以很好地缓解深蓝色的沉闷，增加画面的愉悦气氛。

对比强烈的配色特点。

优点：视觉冲击力强，层次丰富、富有跳跃性。

缺点：容易产生不协调、杂乱刺眼的感觉，比较难把控。

要控制好画面的色彩比例，选出一方作为主色调，另一方作为辅助色或者点缀色；也可以降低明度、饱和度，调和其对抗性；黑白灰是万能的调和色，可以在画面中加入黑白灰缓冲其强烈的对抗性，如图 7-21 所示。

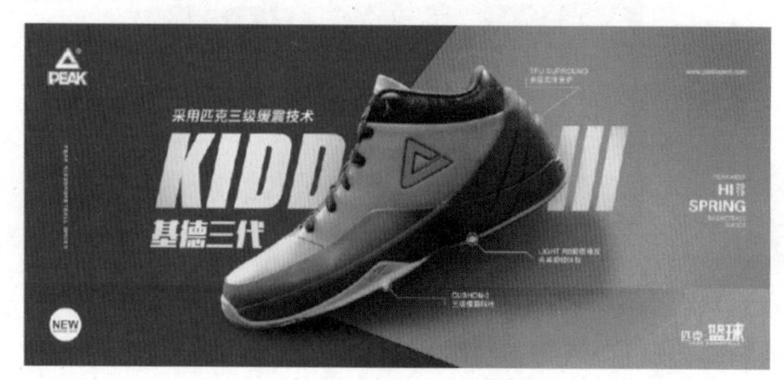

图 7-21

7.5　产品展示详情页

产品展示详情页是对产品详细介绍的页面，本节将详细介绍产品展示详情页方面的知识。

7.5.1　产品展示详情页配色概述

在网店装修中，最难的就是做到色彩搭配协调。有时候精心设计的产品展示详情页总是看上去不协调，并且转化率不高。下面与大家分享一下产品展示详情页的配色技巧。

产品的拍摄固然重要，图片的背景设置也很关键。在女性服装网店装修中，为了体现柔和的效果，常常采用一个小技巧：取服装的主色调作为基色，将其变淡后铺为背景色，这样图片效果比较悦目。

使用常用流行色，比如白纸黑字是永远的主题。而白色和黑色相间能够表现出沉静整洁的感觉。不同的款式遇到不同的色彩，会呈现出不同的风格气质。然而蓝白相加最常见最自然，不似黑白那么浓烈，色彩奇遇中蓝白妙处可循。

很多时候在网店装修中人们希望通过白、绿色的搭配表达例如圣洁、永恒、纯情、清新、静雅、有生机等含义。用好简单的白、绿色，就能够准确表达上述含义。

网店装修详情页是否完美，不仅仅是内容的完整性，更在于描述页中各个内容的展示顺序及阅读逻辑。合理的颜色搭配能让人眼前为之一亮，从而激起消费的欲望。因此，我们在制订详情页布局规划的时候，千万不能忽视以上所讲的内容，如图 7-22 所示。

图 7-22

7.5.2 产品展示详情页构图分析

通过产品展示详情页，可以将一个产品完美地展现在用户面前。集中式构图是指画面由一个主要元素撑满，主要标题作为次要元素配合画面平衡，其次，根据画面需求添加小标签装饰。这种设计整体视觉冲击力强、张力足，适用于单个产品以及细节较为丰富的产品，如图 7-23 所示。

杠杆式构图是指画面的两种关系形成一定的杠杆关系。此构图方式画面很饱满、稳定，适合两种产品或一个产品两面展示时使用，如图 7-24 所示。

图 7-23

图 7-24

顶角分散式构图是指以顶点为一个出发点向四周发射的状态，这种构图比较广泛，画面感比较随意但是又有一定的规律，需要有一定的构图基础，如图 7-25 所示。

图 7-25

7.5.3　图片创建颜色展示产品

一张图片的色彩，可以说是一套完整的色彩体系了，根据创建产品的风格，可以从本地上传图片，从图片中提取颜色。调色规则有彩色、亮色、柔和、深色、暗色。

比如我们上传一张摄影图片，选择颜色，把需要的五种颜色运用到我们的设计中，就可以做出新的配色方案，如图 7-26 所示。

图 7-26

图 7-27 所示的摄影图片中选取了橙色和蓝色作为对比色背景，视觉冲击感比较明显，文字加背景可以突出主题，整体产品展示效果一目了然。

图 7-27

第8章

不同风格的网页设计

本章要点

- 视觉效果
- 欧美与日、韩风格
- 空间感效果
- 扁平化设计
- 特色风格设计

本章主要内容

本章将主要介绍网页的视觉效果、空间感效果方面的知识与技巧，同时还将讲解日、韩与欧美风格、扁平化设计以及特色风格设计。通过本章的学习，读者可以掌握不同风格的网页设计方面的知识，为深入学习网页配色奠定基础。

8.1 视觉效果

一个能抓住用户眼球的网页，一般有独特的视觉效果。如何做到简约而不简单的视觉效果呢？本节将详细介绍网页视觉效果方面的知识。

8.1.1 简约风格

如图 8-1 所示，苹果网站是简约设计主义的代表。简约主义设计风格，顾名思义，就是使用尽可能少的组件或部件，实现网站以及软件应用的人机交互。

苹果官网页面设计中的留白增添了产品的神秘感，给予了受众足够的想象空间。网页设计中留白（也称负空间）的使用偏向于减少页面杂乱，突出页面展示内容。这样的设计风格，可以让用户更自然地将视线集中于展示的软件或产品功能、服务和特色，加深用户印象，从而增加产品销量。

图 8-1

8.1.2 整齐规整风格

如图 8-2 所示，豆瓣作为 UGC（用户生产内容）平台，整体阅读体验是不错的，这主要归功于其简约的设计理念。比如豆瓣编辑器，格式组件比较少。在高端的网站建设中，如何才能设计出简约、温馨、舒适的网页风格，让你的网站脱颖而出呢？

在页面版式中，用户最忌讳页面板块重复、单调、主次不分；冗杂的页面形式会让用户产生一种不专业的错觉。另外，网页的内容不能只是文字，而应是图文并茂。在相隔一段文字之间插入相关图片，这样能缓解和减轻浏览者的视觉疲劳。这样的排版形式让人看起来美观大方、不落俗套。这样也避免了文字和页面的单调，图文并茂的文章让人看起来更加生动和有趣。

图 8-2

☆ 经验技巧

在网页的页面中，不管任何时候，网页的内容才是核心，如果网页内容够新颖、够独特，让用户有一种身临其境的感觉，或者内容直指用户的痛点，让用户感同身受；还有就是内容要对用户有用，我们都喜欢浏览那些有干货、有料的网页。

8.1.3 网站分析——使网页看起来美观、整洁

图 8-3 所示的网站采用的是保留菜单和导航设计，这样可以优化用户体验。

极简主义设计风格并不是毫无节制地减少页面部件。而网页菜单和导航设计作为优化用户体验的重要因素，即便是简约风格的页面设计，也不应该被忽略或删除。反而应该使用更加直观易识别的方式呈现。图 8-3 所示的网站中突出了导航栏、超链接按钮，以侧边栏或隐藏菜单栏的方式呈现导航或菜单设计，优化了用户体验。使用户在浏览网站的同时一目了然，整体布局排列规整，颜色不超过 3 种。

在注意细节的同时，也不要忘记整体网页或软件应用在色彩、主题以及功能等方面的全局统一性。太过独立的页面设计，对于软件或网页页面的连贯性，以及用户使用时的流畅性非常不利。所以，在设计过程中，设计师应注意把握全局，做到胸有成竹，让网页看起来更加的美观、整洁。

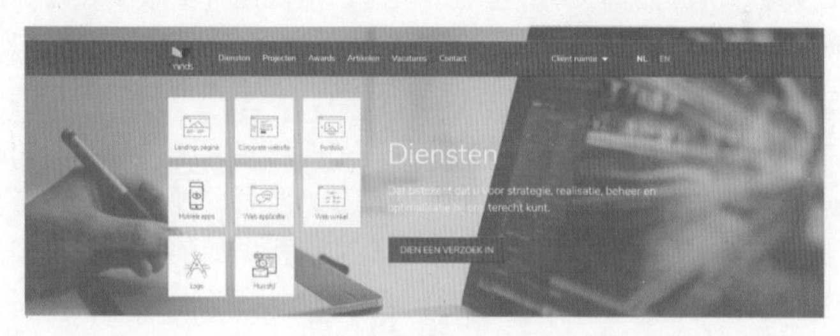

图 8-3

☆ 经验技巧

简约设计风格并不适用于所有的网页设计。事实上，对于某些网页类型，例如一些黄页类网站，太简单的页面设计则极有可能降低网页的权威性和可执行性，有时甚至可能让用户无所适从。所以，设计师应该根据网页或产品特色、目标客户以及受众的不同，有所取舍和选择。

8.1.4 设计师谈——简约是一种特殊的表达

极简主义网页设计风格的相关作用具体体现在哪些方面，以下加以说明。

简约网页设计更加简洁易用，用户体验愉悦度极高；简约主义设计简单且兼容性强，更易于软件或网页响应式设计；简单干净的页面设计更符合现今快节奏的用户需求；简约、整洁的网页设计，能使网页的加载速度更快，能有效降低网页跳出率。

总之，简约主义设计风格是一种既能满足用户需求，又能体现设计师创造性和独特性的设计方式，不仅是现今热门的网页设计流行趋势，还将在相当长的一段时间内继续流行下去。

图 8-4 所示的网站中采用了经典的黑色系设计，漂亮的背景效果在深色的映衬之下显得雅致又时尚，黑暗而优雅。借用视差动效和流畅的滚动体验，让参差错落的图片和背景视频呈现出华丽而独特的美感。

侧边导航栏的设计很大胆，占据了页面 30% 的宽度，但是并不会让人觉得突兀。整个布局均衡而漂亮。

设计师在进行简约风格网页设计时，也需要牢记一些简单的设计思路，简化整个设计过程，要先复杂再简单化。并不是一味简单就是好的，要根据网站的性质进行设计。简约只是一种特殊的表达，要针对不同的网站风格而变化。

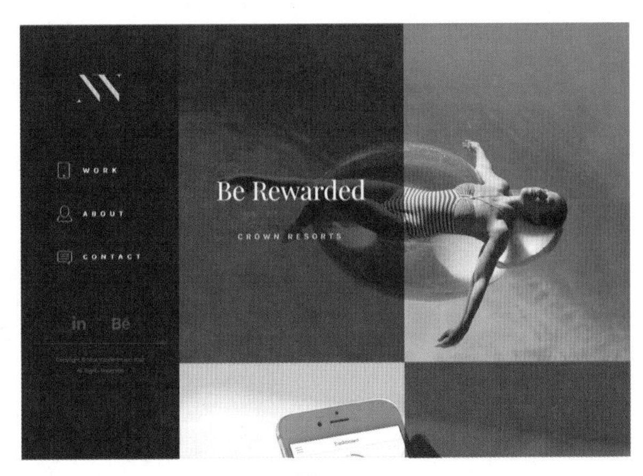

图 8-4

8.1.5 常见色彩搭配

巧用色彩，让页面简约而不失视觉吸引力。简单色彩的选择和应用，不仅不会增加页面的复杂程度，相反，还能帮助划分页面功能模块，让页面简单而不失视觉魅力。

简约主义设计风格并不等于毫无色彩或仅仅单调地使用一种或黑、白两种色彩。事实上，即使是简单使用一种色彩，结合色彩渐变、饱和度以及透明度的变化，也可以使整个网页设计简洁而极富视觉效果。

所以，在极简主义网页设计中，设计师可以尝试一种、多种以及同一色系色彩的选择和应用，简化页面设计，提升其视觉吸引力。图 8-5 所示的网站中，简单选择同一色系色彩，结合形状以及背景图片，让页面视觉上更加丰富而出众。

图 8-5

8.2 欧美风格设计

各个国家的文化风格不同，设计出来的网站视觉效果也不同。欧美网站的风格是大胆突出主题、细节细腻。本节将详细介绍欧美风格设计方面的知识。

8.2.1 主题风格

平时浏览网页时，会发现优秀的网页配色经常能将整个网页的主题明确突出，能够聚焦浏览者的目光，主题往往被恰当地突出显示，在视觉上形成一个中心点。如果主题不够明确，就会让浏览者心烦意乱，配色整体也会缺乏稳定感。

设计网页时，可以通过无彩色和有彩色的明度对比来突显主题。图 8-6 所示的网页中，网页背景是灰色系，主题内容是蓝色系，低纯度的网页背景与高纯度的文字形成视觉对比。相反，如果提高背景的色彩明度，相应地就要降低主题色彩的明度，只要增强明度差异，就能提高主题色彩的强势地位。

图 8-6

8.2.2 精致细腻

欧美风格的网站页面给人的第一印象就是简洁，重点突出。页面中的文字和图片都相对较少，文字和图片的混排也相对较少，而文字内容的描述和图片展示都比较紧凑集中，关联紧密，使浏览者可以明确精准地找到自己想要搜索和寻找的信息，因为文字比图片所要表达的内容更集中准确。除一些娱乐、产品宣传的页面或者栏目频道会用大幅的动画广告加以宣传外，一般网站基本的文字描述都是很精致简单的。即使是长篇的文章，他们也会通过段落排版把文章恰当地分成若干部分，从而不会让浏览者感觉到阅读的疲劳。

欧美风格的网站在图片的应用上喻意传达很有内涵，图片处理很精致细腻，区域的划分和区块大小搭配很合理恰当，而且一般都集中在页面的头部或者中间位置，少有区块错落混排的情况，图片在分辨率和大小的处理上细致、细腻，使整个网站显得高端大气，如图 8-7 所示。

图 8-7

8.2.3 色彩解读——页面中纯度色彩基调

一般情况下，一个页面中不止一种色调，但主色调是主要传递风格的，辅助色调是补充完善风格的。就比如页面中有主题色、辅助色、点缀色。主题色传递主要风格，辅助色补充说明，点缀色强调重点。

以青色为例，大致将色彩分为高纯度、中纯度、低纯度，这里只是个大致的划分，实际应用中，这种划分并不是绝对的，需要灵活变化，如图 8-8 所示。

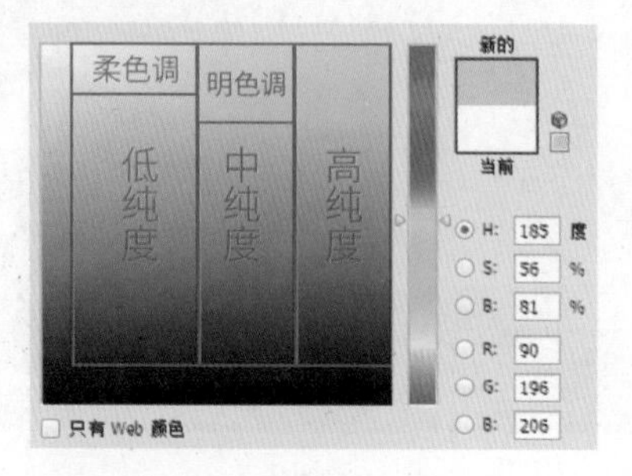

图 8-8

明色调又称为中纯度基调，一般代表轻松、明快、新鲜，是一种积极向上的基调，适用于大多数主题。

图 8-9 截取了网页中的一组页面，采用了中纯度的粉红、翠绿和湖蓝，整体感觉新鲜、干净。

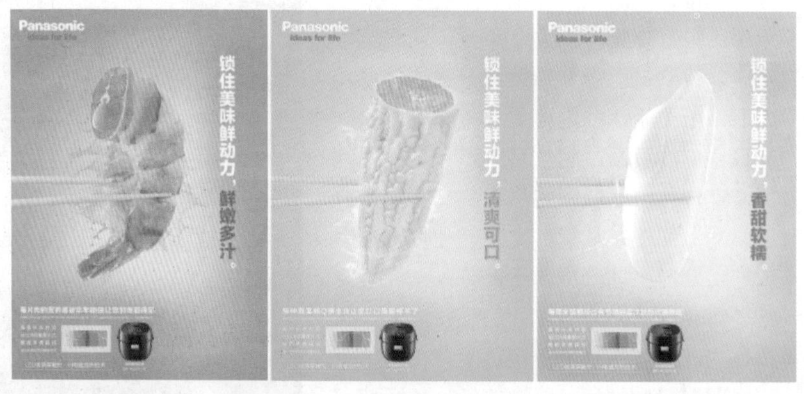

图 8-9

8.2.4 设计师谈——欧美风格网站的色彩搭配

确定一个网页设计的颜色搭配是设计过程中最重要的部分，也是最困难的部分。通常企业品牌在推广时采用什么颜色所造成的影响会比较大，因为要为网站访客的情绪定下什么样的基调主要由网站的颜色决定。

图 8-10 所示的欧美网站整体效果就是对比强烈，欧美风格的大胆设计，结合黑色背景和突出的霓虹灯色调，通过深色与浅色的对比，可以创造一种前所未有的震撼效果。文字作为点缀介绍相关网站的内容。文字与图片的搭配，对整个画面的中心起到了修饰的作用。

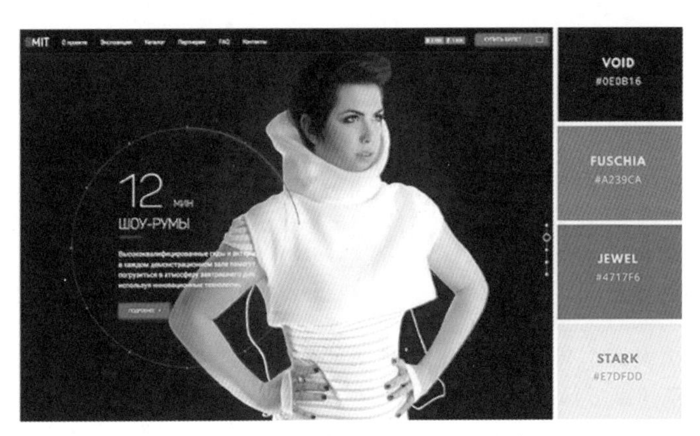

图 8-10

8.2.5 常见色彩搭配

色彩与人的心理感受和情绪有一定的关系，利用这一点可以在设计网页时形成自己独特的色彩效果。

从性格色彩的层面来说，红色代表热情、热闹、刺激、欲望、奔放、喜庆，所以常用在中国的各种喜庆的节日促销电商页面里，比如国庆、元旦、春节等重大节日，基本都是以红色作为大背景主题色。

图 8-11 所示的网页中，红色作为页面的背景颜色，起到了十分醒目的作用。在整个页面布局中，用图片的形式将整个网页划分得十分规整，并不会让用户觉得很乱。图片也采用高纯度的色彩，每个颜色都是相近的颜色。整体页面能带给人促销、购物的欲望。

图 8-11

8.3 韩式风格设计

韩式网站设计风格偏向温润淡雅，版面设计干净清爽、比较醇厚。本节将详细介绍韩式风格设计方面的知识。

8.3.1 韩式色彩搭配

韩国的网页设计水准很高，并且发展迅速。其商业性网站很具代表性，色彩丰富独特，但又不杂乱。韩式风格网站的配色方案以及网页中的元素，大多是韩国网站的开发人员根据不同网站专门制作的。

韩国设计者运用色彩非常得当，在我们看来非常难利用的颜色，到了他们手中却能轻易搭配出和谐的美感，给人的感觉非常的淡雅迷人。

韩国网站的各个栏位在表达不同主题时，比较喜欢采用不同的色调。灰色是他们最倾向使用的颜色，因为灰色虽然显得比较中庸，但能和任何色彩搭配，极大地改变色彩的韵味，使对比更强烈。其正文的文字也大都采用灰色，局部则喜欢用色彩绚丽的色带或色块来区分，如图 8-12 所示。

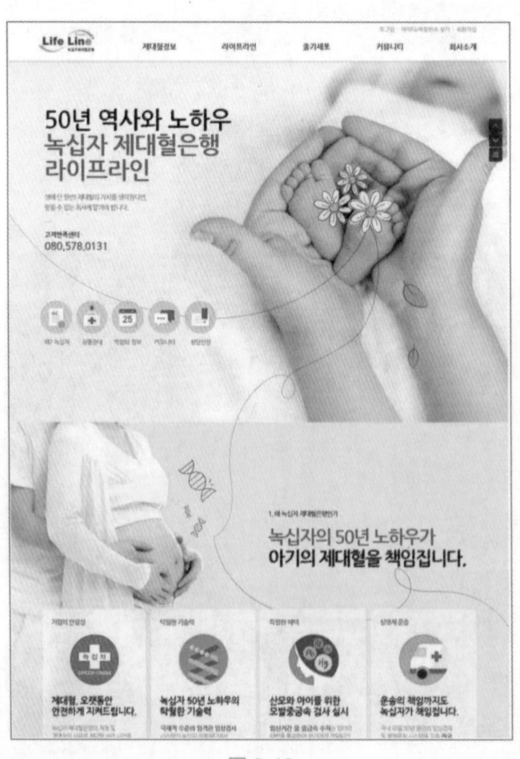

图 8-12

8.3.2 层次感设计

韩式风格的网站设计，网站的内容排版因为要考虑到可读性，很多栏目的文字编排都比较简单，利于阅读。而在一些内容较少的页面如网站的广告或宣传页上，排版则富于变化，更类似于杂志内页的排版。

韩式风格的网站还有个令人称道的地方，就是页面的立体感及细节处理比较合理。网站看起来很有层次感，而这个层次感不是靠几个立体字来体现的，而是添加简单的图片或文字阴影效果和巧妙利用构图来形成视觉上的差异，但就是这种设计上的不拘泥于形式，使网站的立体效果呼之欲出。设计的每一个按钮、图片都极其讲究，如图 8-13 所示。

图 8-13

8.3.3 色彩解读——页面高纯度和低纯度色彩基调

高纯度色彩像暖色一样，能够有效促进人的生理、心理处于亢奋状态。节日促销使用纯色调营造氛围也是由于人在兴奋、激动的情况下易受外界促销信息影响，更容易下单购买。高明度纯色调是无所顾忌的个性、激情、热烈，如图 8-14 所示。

如果页面中纯色调和暗色调相结合，可以表达个性张扬的视觉效果。图 8-15 所示的页面就比较炫酷，炫是纯色调，酷是暗色调。暗色调的稳重感，使得与纯色调的色彩组合炫丽个性又不显花哨幼稚。

图 8-14

图 8-15

8.3.4 设计师谈——韩式的淡雅清新

韩国网站的页面结构对比其他的网站而言相对简单得多，很多网站几乎是统一的风格，顶部的左边是网站的 Logo，顶端是它的导航栏，和国内网站不一样的地方是它很少采用下拉菜单的样式，而是把各级栏目的下级内容放在导航栏的下面 ，然后下面是一个大大的 Flash 条，再往下就是各个小栏目的主要内容。

韩式网站设计风格简约但不简单，在细节上会做得很精致。一个小阴影，也尝试很多遍，精益求精，以确保呈现给用户最好的体验。造型简单有创意，看起来相当不错。

图 8-16 所示的网站是韩国儿童网站，整体色调采用绿色，背景颜色为白色与绿色的草地搭配，中间主题部分则使用变化的树木做点缀，给人活泼、欢愉的感觉。整体色彩搭配和谐，版式风格简洁、轻快、淡雅清新。

图 8-16

8.4 日式风格设计

日式风格设计不仅崇尚简约自然，设计的细节之处也更加细致和精致，更有悠远的历史民族风情。本节将详细介绍日式风格设计方面的知识。

8.4.1 手绘式风格

图 8-17 所示的网站风格是一张手绘式网页，用色舒适，主图也利用了日本最具民族风格的木屋，加之边上的青树、灰墙，整体显得清新自然，画面细腻自然，体现出那种让生活在都市的人们向往的世外桃源般的生活。图中拿着扫把的老人也是寥寥几笔带过，没有刻意描绘出太过于真实的人物形体，和画面格调很好地进行了融合。

图 8-17

8.4.2 民族式风格

民族风格的网站在日本是经常使用的。图 8-18 所示的网站是一家温泉馆的网站设计，从主页到下面的栏目页，这家温泉馆网站页面的设计虽然整个色调偏暗，但是一点也没有压抑、不适的情绪在里边，反而从食品图片到温泉再到雪景，每一处都在传递着治愈心灵的能量。

这张网页体现出了日本民族的生活习惯以及武士道精神，很多文化特色具有人文情怀，能够挖掘生活中最本质的一面，体现浓郁的民族气息。

图 8-18

8.4.3 网站分析——日式田园系风格

图 8-19 所示的网站风格属于比较典型的日式田园系。整个网站的基调清新自然，采用了低纯度色调。网页中的漂浮物是日式网站一大特色，正如案例中显示的树叶元素。日式网页设计经常会使用一些花瓣或树叶来装点页面，立体与平面的巧妙结合，营造用户想要的氛围。

图 8-19

8.4.4　设计师谈——日式风格

日本网站的风格非常强烈，擅长以鬼斧神工的技巧将水彩与动画融为一体，色调清新，细节惊人，是众多网页中的“异类”。日本文化中有一种严谨、谦和的态度，这种态度在网页的设计中也有着显而易见的体现。在视觉设计上，日式网页大多为清新自然的主调；在用户体验上，更是能让用户感受到无形的体贴和温暖。

清新雅致的水彩，抑或是充满日本元素的小装饰，总之，日式网页设计能让我们从小细节中就准确分辨出来，低调却不平庸也许是最恰当的形容词了。

图 8-20 所示的案例使用了水粉画作为网站首页背景，这也属于日式网页设计惯用的一种设计手法。和风细雨的淡彩水粉画更能体现出雅致古典的日本文化，让网站看起来更多了一层深厚的文化底蕴。

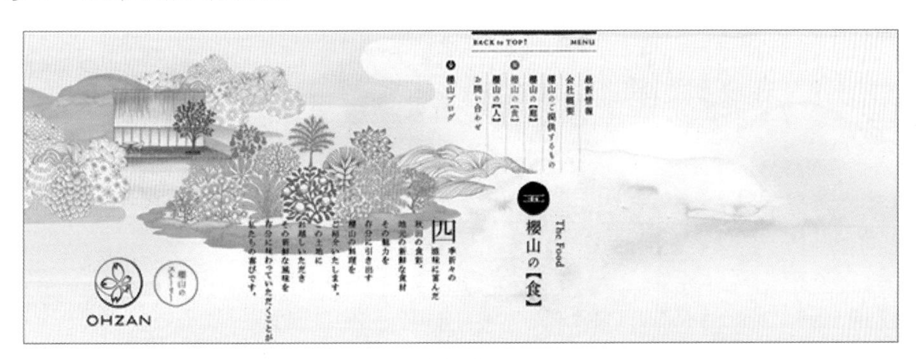

图 8-20

图 8-21 所示的网站体现了另一种日式网页的格调。这种格调缺少了许多唯美古典的意味，而是从另一个侧面表现出了现在日本繁忙的都市节奏。紧凑的文字内容和简单易懂的图片搭配让用户的视觉感受细腻、规整，能快速找到自己需要的内容。

图 8-21

图 8-22 所示的是日本一个经典的电子商务网站。热门商品的推荐直接移到首页，省去价格、描述以及线框等等，只显示商品的缩略图，更容易让用户把注意力集中在商品本身上。

图 8-22

8.4.5 常见色彩搭配

配色不仅能够让人联想到季节、情感，还能让人联想到某些个体存在或者某个国家的色彩文化。日本是一个有“色彩”的国度，很多经典的配色都让人留下深刻的印象。

图 8-23 所示的是一个传统的食品网站介绍，网页的背景色和点缀色的搭配，让整个画面产生怀旧的色彩，整个画面采用 3 种色彩进行搭配，简约的风格与食品相呼应。

图 8-23

8.5 空间感效果

网页只是一个二维的平面，对信息的展示也仅限于平面上信息的堆积，尽管某些立体图片和视频可以称得上是三维的，但是其并不是网页本身的三维空间。当前人们对网页也越来越挑剔，设计者应当与时俱进，以满足人们的需求为己任，研究网页设计中的空间感。本节将详细介绍空间感效果方面的知识。

8.5.1 空间感网页概述

三维其实是一个很深奥的科学名词，代名词就是立体。我们通俗地讲，一维就是线条，是由无数个点组成的无限延伸的线；二维就是我们常说的平面，是由一定数量的线组成的平面的状态；三维则是更高层次的维度，在二维平面的基础上加入了高度，将整个状态变得立体。人是生活在三维空间的，身边的所有事物基本上都是三维的，哪怕是一张极薄的白纸，它也是有厚度的，也是立体的而不是平面的。人们是能够看到整个世界的三维要素的，但是放置在网页中，人们所看到的三维要素其实并不是绝对意义上的三维，只是人们运用各种手法和技巧表现出来的视觉特征，是一种假象。尽管这种三维是一种假象，但是人们总是倾向于看到这种视觉要素，以加深对图片和影像的印象和观感，如图 8-24 所示。

图 8-24

8.5.2 三维空间感设计

网页设计中要想真正地实现三维空间的构建，不仅技术上需要很高的要求，成本也过于高昂。但是可以通过一定的技巧营造出一种三维的空间感，满足人们的需求。

首先，是运用展示的图片信息的结构来营造一种三维的空间感。图片本身是平面的，是二维的，但是在图片的处理上可以运用一些技巧。最简单的就是形成纸张的折叠效果。以一张载满信息的信纸为例，将这张绘有信纸的图片直接放在网页中，很直观地看就是一张平面的纸，但是通过阴影做出折叠的效果，在视觉上这张纸就好像真的被折叠一样，造成了一种立体的假象。类似折叠还有凹凸和拼贴，其实原理都是运用色彩使所表现的图片在结构上形成层次感，进而形成一种三维的空间感，如图 8-25 所示。

图 8-25

其次，是充分利用所要展示的图片的自身特性来营造三维空间感。我们以金属和玻璃为例，这两种材质其实都是有光泽的，也就是说它们的反光效果极好，那么在展示这两种材质的图片时，可以人为地加上一些反光、阴影、透光等效果，使它们看起来好像是真的被立体地放置在图片中一样。这里，利用的都是一些光学原理来使图片本身的特性能够最大程度地展现。

最后，是运用人眼的结构原理和辅助工具来创造三维空间。这种方式也是当前 3D 图片和电影的常规手段。这些图片在肉眼看来其实仍然是平面的甚至是模糊的，它是将很多张图片进行叠加构成的，不借助于辅助工具人们其实是看不出三维效果的，但是在辅助工具例如 3D 眼镜的作用下，立体效果立马显现出来。这种方式虽然要借助工具，但是营造三维空间感的效果是最好的，可以在特定的网页中进行这样的设计。

8.5.3 网站分析——如何创造空间感的设计作品

设计三维空间的技巧其实并不是很难的，下面为大家分析几个在网页中创造空间感的设计作品。

图 8-26 所示的网站利用了星空制造空间感。这个网站设计是基于动画游戏，超大的元素和独特的空间图像。图像中的人物穿着全套太空衣服，戴着头盔，似乎漂浮在无重力的地方。外太空的背景，使网站呈现出空间感。

图 8-26

为了在网页设计中可以使这种黑暗主题更加有趣，添加三维效果可以保持用户的参与度。动态的元素可以通过添加一个额外的空间感，在本来就不丰富的色彩上形成对比以此来强调主要内容或元素。空间设计中最常见的颜色图案是暗色系的，包括黑色、紫色或深蓝色背景，这些设计通常具有与白色对比的元素。

图 8-27 所示的网站效果，看起来像是要拉远人与这个世界的距离。通过一个黑色的主题和快速移动的形状把人拉到一个未知的空间中。

图 8-27

8.5.4 设计师谈——打造页面空间感

充分打造页面的空间感，形成自由的呼吸空间，不仅可以使页面整体充满张力，还能使观众如置身其间，任意翱翔，很好地实现页面与观众之间的交互。

如图 8-28 所示，通过改造背景实现页面的空间感。虚化的背景借鉴了摄影中的浅景深效果，实现前清后蒙，突出前方清晰的主体内容的同时，拉开前后内容的视觉距离，实现页面的空间感。

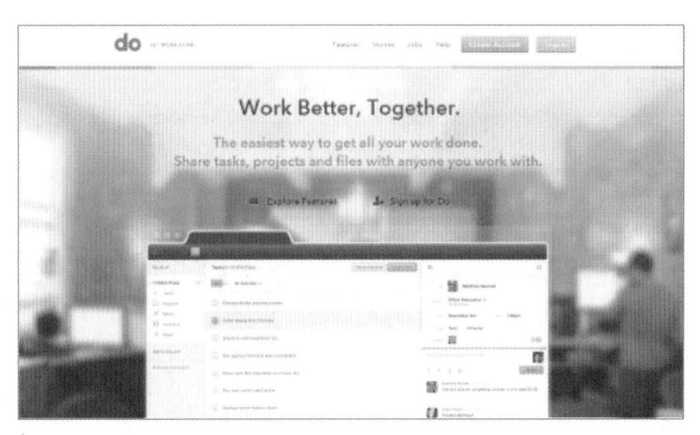

图 8-28

融合背景也可以打造空间感。选用一个十分高大上的图片作为网页背景，已经很有空间感。如果不想把它遮起来，这时该怎么办？我们就可以考虑，将主体内容融合到背景中。这样既可以有效地利用背景，又使整个空间感效果十足，如图 8-29 所示。

图 8-29

8.6 扁平化设计

时至今日，扁平化设计已不再是流行一时的设计风潮，而是一种美学风格。扁平化设计大胆的用色，简洁明快的页面风格曾经让大家耳目一新。本节将详细介绍扁平化设计方面的知识。

8.6.1 扁平化微阴影

扁平化设计一直以来没有一个固定的范式，但概括起来有下面几个特征：没有多余的效果，例如投影、凹凸或渐变等；使用简洁风格的元素和图标；大胆丰富且明亮的配色风格；尽量减少装饰的极简设计。

扁平化微阴影效果就是极其微弱的投影，这是一种很难被人察觉的投影，可以增加元素的深度，使其从背景中脱颖而出，引起用户的注意。但在使用这一效果时需要注意让它保持柔和感和隐蔽性，如图 8-30 所示。

图 8-30

利用元素的形状，使其从背景中独立出来。即使元素与背景有着同样的颜色，依然可以通过微阴影加以区分，而视觉上还能保持色调一致的简洁性，如图 8-31 所示。

图 8-31

☆ 经验技巧

一般情况下，设计扁平化微阴影的时候，有人会提到长阴影，但长阴影通常运用的地方只是在 Logo、图标等元素的内部，它是一种扁平化设计风格的延伸。

8.6.2 扁平化幽灵按钮

幽灵按钮，并不是指一个幽灵形状的按钮。恰恰相反，这类按钮的形状非常简单，仅仅是一个矩形或一个圆角矩形的边框，内部为透明。看上去若有若无，类似于幽灵的出没方式。

也许已经在很多扁平化设计风格中见过它们了。它们通常会设计得比普通的按钮略大，浮动于大图背景、视频的上方。可以在饱览整张图片或整个视频的同时也能看到它的存在。为了获得聚焦，它通常位于比较显眼的位置，例如屏幕的中间，如图 8-32 所示。

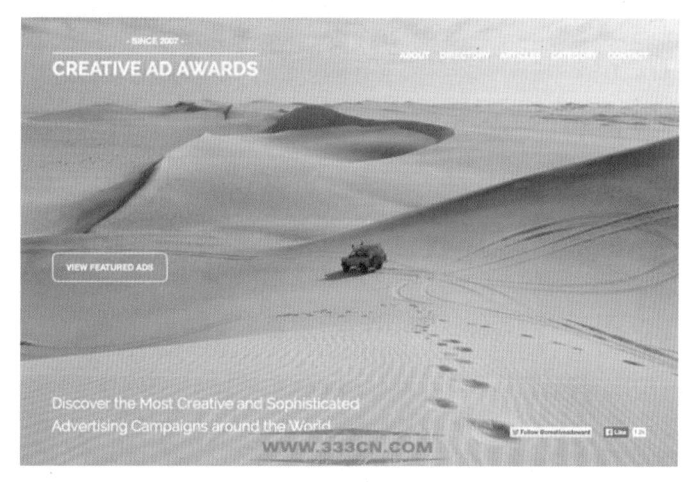

图 8-32

幽灵按钮的颜色通常为黑或白，这是因为它需要和周围环境所协调。如果可以，试试别的色彩也未尝不可。例如无色的黑白图片搭配有色的幽灵按钮。

同时也需要注意，与幽灵按钮搭配的也多半是线性的字体，中文也是细黑等类似的字体。这样就让按钮和其字体都在外观上取得一致性，如图 8-33 所示。

图 8-33

8.6.3 扁平化渐变色调

现在网页的风格多样化，渐变的运用可以使网页更加个性张扬。在扁平化设计中的渐变不同于普通的网页，它往往是以更为低调的姿态出现的，比如只用于背景色或氛围色，不再喧宾夺主，并且只在两种颜色之间渐变过渡，图 8-34 所示的是双色渐变的网页效果风格。

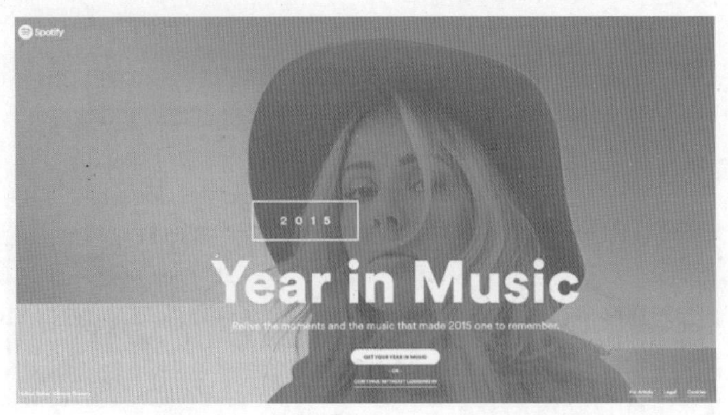

图 8-34

在这一案例中，可以看出网页已经让渐变成为了一种设计元素。霸占整个屏幕的图片充满震撼，而让其也参与到过渡渐变中，让图片散发出霓虹灯一样的效果，搭配幽灵按钮，这几乎是信手拈来的绝佳创意。

8.6.4 扁平化圆形元素

扁平化中圆形的元素越来越多，可以说圆形在移动端的优势是特别明显的。由于圆形很好地模拟了手指印，因此一个圆的存在看似就是一个可触的地方。这对于唤起用户的操作发挥了极大的作用。

由于圆形本身的特殊性，使它极易从背景中分离出来，因此将重要的元素设计为圆形也是心机满满。例如图 8-35 所示这家餐厅的网页设计，圆形本身具有一种亲和感，非常契合餐厅这类温馨休闲的品牌氛围。

图 8-35

8.6.5 设计师谈——扁平化配色双色搭配

早期的扁平化配色是非常鲜艳大胆的，可以在高饱和度中挑选六到七种颜色进行搭配。如今，扁平化设计的配色选择虽然仍然朝明亮大胆的方向走，但只局限于有限的颜色选择。双色调配色是目前逐渐流行起来的另一种配色方向。

图 8-36 所示的案例中，整体风格采用双色配色，黑色的背景可以将整体视觉更加凸显，布局简单。采用文字和图片的主题形式，文字为主体，荧光效果，可以使整体感觉很有视觉冲击力。

图 8-36

☆ 经验技巧

扁平化的网页设计中，也会添加更多的视频和动画特效，使得扁平化更加生动活泼。然而这些让网页看起来更生动的手段，无一独立于整体页面的风格而存在。它们依然是简洁的，符合网站整体的审美方向。

8.7 特色风格设计

很多时候，我们希望网页中的设计元素足够精准，像素完美。但是有的时候，我们想通过一些有趣、特色的设计元素，让页面看起来更有意思。而手绘的插画和图标常常是在这个需求之下被引入到整个设计中来的。本节将详细介绍特色风格设计方面的知识。

8.7.1 分隔符网页

手绘元素有一个很有意思的特点，那就是它几乎可以和任何设计元素有效地搭配起来。可以和图片、视频组合使用，可以为留白增加视觉焦点，甚至可以在文本附近出现。

很多时候，你不敢在整个设计中使用手绘元素，是担心它会打破设计的整体感，但是当你开始尝试就会发现它在很多时候还是很有用的。

手绘图标本身拥有不错的融入感，很多设计师会利用它的这种融入感，将它插入到网页当中，作为分隔不同区块的间隔元素来使用。作为分隔符，手绘图标不会显得过于突兀，让分割区块的留白也不至于单调，让用户明白内容区块的边界的同时，也保持了整个页面设计的节奏感，如图 8-37 所示。

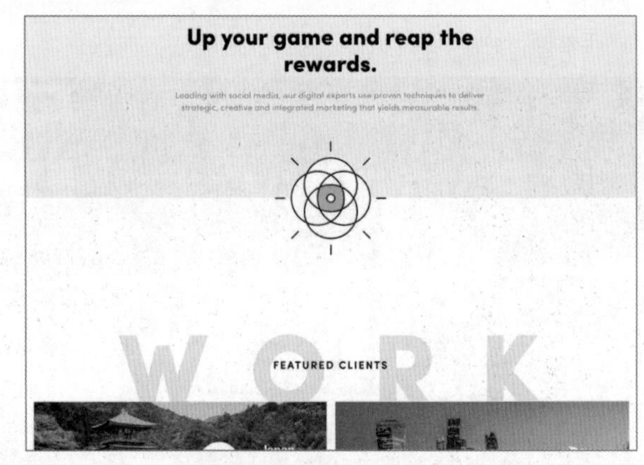

图 8-37

8.7.2 手绘网页字体

很多地方手绘元素并不一定真的是手绘出来的。比如手绘风格的字体有很多，它们当然都不是真正手绘出来的。手绘风格的字体很受欢迎，也非常适合用来展示。

手绘字体常常能够给人轻盈而又富有人性的感觉，挑选手写字体的时候，要注意它的美感和可读性之间的平衡。图 8-38 所示的网页中，简约又轻灵的手写字体，尺寸够大，清晰、可读性良好，在网页中用作展示。

图 8-38

8.7.3　网站欣赏——手绘网页设计

手绘风格凭借自身特点，能给人一种独有的亲切感和信任感，与此同时也能更好地传达和反映网站的风格和理念。

手绘风格的设计在如今的网页中变得越来越常见，主要有插图、涂鸦、动画，以及素描等形式。在视觉上，它们通常以可爱或是个性化的形象出现，而从用户体验上来说，也更美观且利于浏览。

图 8-39 所示的是手绘网页设计案例，下面为大家讲解分析一下。在网页设计中，使用手绘风格的企业网站并不多见，因为手绘风格显得比较轻松随意，和企业必须具备的正式官方相违背，所以很少被运用于企业网站的网页设计中。而下面的公司基于快乐工作的理念，产品的官网都被打造得如此具有亲和力，手绘风格从图片、图标、字体中不断地流露出来，减少了企业网站的商业感，更多了一些人文气息，可以更加拉近用户与企业之间的距离。

图 8-39

一般情况下，很多餐饮网站会运用手绘风格。下午茶本来就是一件惬意享受的事情，这类商家的网站用手绘风格就再合适不过了。由于手绘风格与生俱来的亲切感，它更适合于一些比较生活化的场景，只要用简单的线条和色彩搭配在一起，就能产生意想不到的效果，如图 8-40 所示。

动画的使用也是手绘风格的一种体现，多见于儿童网站，以此来提升儿童对网站的兴趣。动画和插画也能带来清新脱俗的感觉，让网站变得更加与众不同，在视觉上也会显得更加舒适，如图 8-41 所示。

图 8-40

图 8-41

有时候线条勾勒出的画像比真实的图片看起来更有力量，更能令用户感同身受，图 8-42 所示的网站就是一个很好的证明。网站中的拳头能为浏览者带来令人惊喜的细节遐想，让网站更加个性化。

图 8-42

图 8-43 所示的是一个涂鸦风格的网页设计。通常的涂鸦风格会使用很丰富的色彩，但在网页中如果使用很多颜色会造成用户的视觉疲劳，所以设计师结合用户体验只选择了三种颜色，让页面更有层次，利于浏览。

图 8-43

8.7.4 设计师谈——流行网页设计趋势

平面视觉和不断发展的新技术将会有更加深入的结合。只要我们稍加观察，就会注意到新技术对于现代网页设计的影响。网页设计在尽量保持网页设计足够简约整洁的同时，还会注入更多新鲜的创意。

图片与插画的结合，是目前网页设计中一个最重要的趋势，是将图片和简约的二维手绘插画结合到一起。这种结合方式，让充满真实感的图片和创意与相对抽象的图形元素之间构成互动，真实和虚拟的穿插是一种创意十足的设计，让人难以忘怀，如图 8-44 所示。

图 8-44

经典的黑白灰是设计领域的常青树，永不过时。这也是为什么我们经常能够在以往的设计报告中看到黑白色调的影子。图 8-45 所示的黑白色的网站优雅而极简，其中包含简约的版式，还有充满艺术感的设计元素。

图 8-45

超大字体排版的极简网站是极简主义网页设计的趋势，在几年前就开始流行了。在这一过程中，极简风格的设计在不断迭代，直到今天。

我们如今所看到的最新的极简网站设计越来越现代和优雅。设计师们在不断删除不必要的细节和装饰。为了更加突出所要传达的信息，使用超大字体。这样的设计越来越多，如图 8-46 所示。

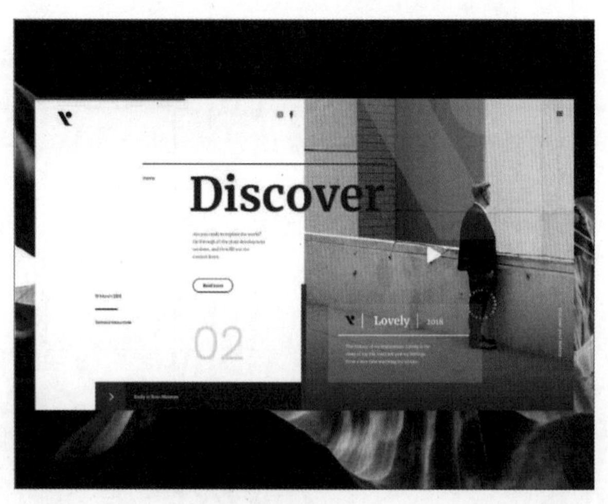

图 8-46

艺术插画元素的加入，不同风格的插画将会是热门度高、最值得关注的趋势。而在不同的插画风格当中，水彩、水粉以及各种神奇的现代艺术插画风格，都开始入驻到网页设计当中。现代插画艺术风格能够传递应有的信息，又足够的时尚，如图 8-47 所示。

可交互的三维效果将是一种流行趋势，是很吸引人的。网页设计师借助新的网页框架和技术，创造出更多新颖有趣的效果，让用户觉得惊艳有趣的同时，驻留更长的时间，如图 8-48 所示。

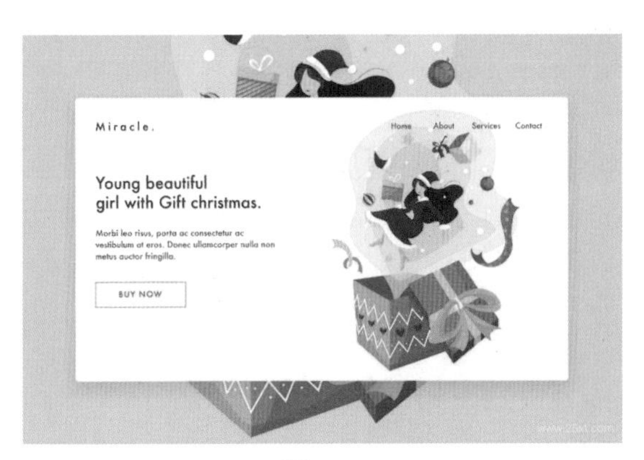
Miracle.
Home
About
Services
Contact
Young beautiful
girl with Gift christmas.
Morbi leo risus, porta ac consectetur ac vestibulum at eros. Donec ullamcorper nulla non metus auctor fringilla.
BUY NOW

图 8-47

BACKPACK
Duis Luctus
CLICK
LITTLE HISTORY
OUR SERVICES
SIGHT SEEING
VACATION
BIKING
JOY RIDE
FLYING
WANDERING
OUR GALLERY

图 8-48

第 9 章

不同行业的网页色彩搭配

本章要点

- 数码科技类
- 建筑装潢类
- 汽车类
- 服饰类
- 医疗类
- 食品类
- 珠宝类

本章主要内容

本章将主要介绍数码科技类、建筑装潢类、汽车类、服饰类、医疗类网页方面的知识与技巧，同时还将讲解食品类、珠宝类网页方面的风格设计。通过本章的学习，读者可以掌握不同行业的网页色彩搭配方面的知识，为深入学习网页配色奠定基础。

9.1 数码科技类

网页色彩搭配技巧中，舒服的色彩给人一种良好的视觉效果。本节将详细介绍数码科技类网页方面的知识。

9.1.1 软件研发类

蓝色在网页设计中属于不会出错的颜色，是大部分软件研发类网页经常使用的颜色。色彩在任何一种设计中都起着很重要的作用。图 9-1 所示的网页使用的是中规中矩的排列方式，属于图片加文字的排版方式，蓝色的背景可以衬托出网页中内容的可读性，减少用户的阅读干扰。

图 9-1

9.1.2 如何使页面更有科技感

一般情况下，需要结合产品的属性和我们对产品认知的感受进行筛选，并根据筛选后的关键词寻找相关图片，制作情绪板拟定主视觉风格。这类风格的视觉走向应当是简洁且具有品质感的。

寻找相关参考，寻找此类型设计的共同点。比如其中涉及的元素：点、线、深色背景、文字修饰、光效等，进而结合页面进行设计。

在强调简洁的科技类产品相关设计中，背景多数分为颜色或写实图片两种。

颜色很好理解，大多以深色底为主。强调一种神秘感和沉稳感，同时可以和浅色的文字内容形成很好的对比。

而图片背景的使用，就要求其图片的质量要高。版权、质量、产品匹配度、视觉干扰，这些都是我们应该注意的点。一张高质量的图片可以很好地凸显产品调性，提升设计图的整体质量。反之就会大大降低用户对其好感度与信任度，如图 9-2 所示。

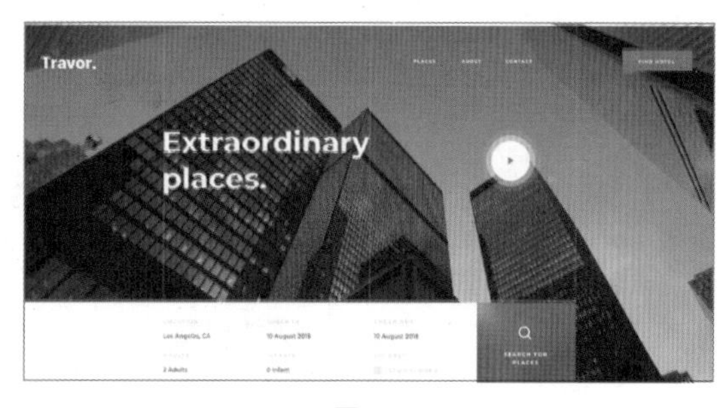

图 9-2

提到科技，我们下意识地会联想到蓝色。这也是最安全、最稳妥、使用最多的颜色。其应用的范围非常广泛：科技、金融、医疗、航空、企业官网等都可以用到。

标题使用应该简短干练，突出重

点即可。更多的文字可以放到副标题当中去。尽可能压缩文字个数。过多的文字会让用户产生迷茫和不耐烦等负面情绪，毕竟我们的设计风格是以简洁为主，如图 9-3 所示。

页面中的动画元素，比如插画动画，表面上与偏写实的科技风格不相干，不过，通过视觉元素和色彩的合理搭配，以及动效的融入，可以达到出乎意料的效果，如图 9-4 所示。

图 9-3

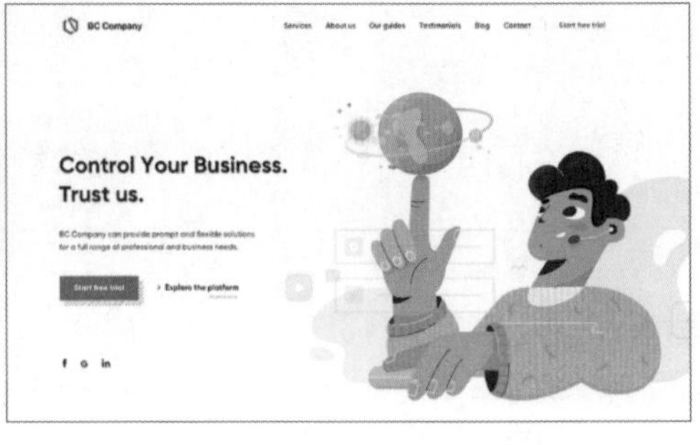

图 9-4

9.2 建筑装潢类

现代社会，人们可以通过互联网快速了解查询建筑装潢企业，从而进行相对应的选择，建筑装潢包含室内设计和景观设计。本节将详细介绍建筑装潢网页方面的知识。

9.2.1 室内设计

室内设计网站一般给人的感觉简洁、大方，在布局上使用比较大的布局结构，传达轻松愉快的浏览体验。图 9-5 所示的网页使用白加黑的色彩搭配，颜色如果过于鲜艳，会破坏整体页面的轻松感觉。

图 9-5

9.2.2 景观设计

景观设计网页一般会采用以图片为主的设计方式。图 9-6 所示网页以图片展示为主，巧妙搭配文字，让整体画面更加的协调。导航栏使用的是灰色，超链接使用的是红色，图片的颜色与导航栏的颜色相呼应，与超链接的颜色形成对比色，让人的视觉效果非常舒适。

图 9-6

9.3 汽车类

汽车类网页设计，大致可以体现在现代风格和尊贵风格。本节将详细介绍汽车类网页方面的知识。

9.3.1 现代风格

作为设计师我们要时刻牢记设计是一种沟通，是一种对话，而不是设计师自我表现和自我满足，设计师要通过色彩这一视觉语言和用户进行情感交流。良好的用户体验来源于对用户感觉的充分考虑，特别是从年龄、性别、族群等特征进行区分。宝马 minicooper 是宝马旗下的一款个性十足的现代车型，产品周身散发着英国式的尊贵气息。其中文网站设计以黑色为主题色，正是看中了黑色所代表的个性、酷感和现代风格，以便能够赢得强烈地想表达独立、自我、自由、现代的年轻人的心，如图 9-7 所示。

图 9-7

9.3.2 尊贵风格

设计师需要懂得人们对色彩的感觉，除了色彩的直感效应，即生理上的感觉，更多是来自于色彩的社会感觉，即在不同时间、空间和国家、民族环境中，色彩在人们心目中的意义。例如宾利车的网站主要是想突出“英伦汽车典范驾驶之巅”的品牌理念，主要是从汽车品牌的历史文化这个角度进行宣传，在配色上采用黑色作为主色调，用灰色作为辅助色，再加上亮灰为强调色。在彩度和明度上面都是采用的中低色调来给人以怀旧、尊贵、高品位的联想，如图 9-8 所示。

图 9-8

9.4 服饰类

如何设计一些有格调的服饰类网页，让服装的展示更加全面，更加能够吸引用户的眼球？本节将详细介绍服饰类网页方面的知识。

9.4.1 品牌时装网页

品牌时装类网页的配色一般以图片为主背景，营造出时装品牌的个性特征，突出主题，犹如娓娓道来的故事场景，这是一种很不错的主题配色方法。图 9-9 所示的网页采用满版型的版式，文字使用量不大，整个背景图片使人犹如置身都市之中，过着节奏轻快、愉悦的生活。

图 9-9

9.4.2 年轻服装类网页

年轻服装类网页，给人一种轻松、时尚的感觉。图 9-10 所示的网页使用粉色作为主色调，配上漂亮的文字以及人物形象，整体感觉浪漫、时尚、清新。网页的配色很成功，粉色、白色和蓝色很自然地融合在一起，配上白色的背景色，给人年轻、青春的感觉。

图 9-10

9.5 医疗类

随着人们对医疗健康认识水平的提高，相关的医疗服务和医疗网站设计也在不断规范化。本节将详细介绍医疗类网页方面的知识。

9.5.1 减肥类网站风格

图 9-11 所示的网站不同于一般的减肥网站，没有密密麻麻的减肥套餐推荐，没有夸张的瘦身前后对比图。整体网站设计以动画方式呈现，淡蓝色的背景色搭配白色字体，简洁淡雅。局部搭配的橙色调，使网站活泼而不单调。

图 9-11

9.5.2 医疗美容类网站风格

浏览医疗美容类网站的客户以女性为主，所以网站设计必须能在第一眼获得女性顾客的青睐，懂得女性的审美。图9-12所示的网站整体的紫色调优雅大方，不同层次的紫色卡片设计能循序渐进地对顾客进行引导。超链接部分的设计以深紫色作为强调，吸引点击，从而增加转化。

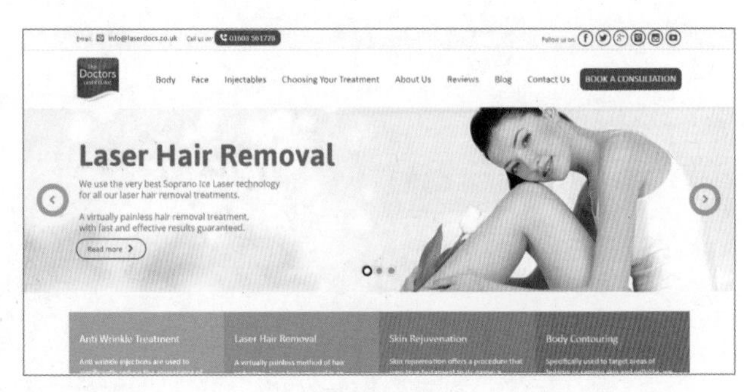

图 9-12

9.5.3 牙医类网站风格

图9-13所示网站的设计主题，微笑之美在于一口健康好牙。这个牙医网站设计的特别之处在于它没有常见的白大褂和拟人化的牙齿图案来突出主题，而是采用较为抽象的微笑来展示设计概念。作为牙医网站，也不失为很好的宣传广告。巧妙的颜色搭配使得网站中黑色部分设计并不沉闷，反而十分灿烂。

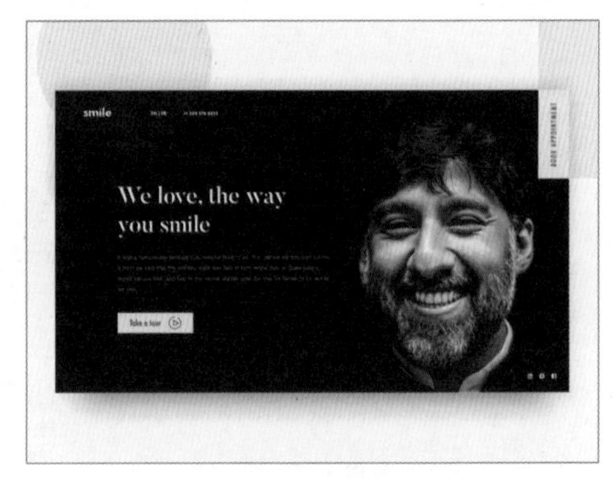

图 9-13

9.5.4 心理健康类网站风格

图9-14所示的是心理健康网页。整体网页设计以淡绿色调为主，导航栏、字体以及天空的颜色融为一体，是一个清新而又富有生命力的颜色。而网站响应能力和卓越性能是促成转化的一部分。作为心理健康类网页设计的模板，也可以给新手提供一个很好的参考。

图 9-14

9.6 食品类

色、香、味俱全的大幅美食图片是食品类网站自我推销的最有效法宝。总体来说，食品类网页设计颜色比较鲜明、清爽。本节将详细介绍食品类网页方面的知识。

9.6.1　写实风格

食品类网页设计一般以直观的表达方式来突出主题，色彩搭配要对比强烈。图 9-15 所示的案例是水果网页，采用写实的风格，一张清晰的水果图片直呼主题，颜色采用亮色对比，给人带来很强的食欲感。

图 9-15

9.6.2　清爽风格

图 9-16 所示的是一个饮品网页，网页采用满版型版式，页面的颜色比较鲜明，色彩比较艳丽，采用了黄色和蓝色对比色，给人一种清爽的感觉。其中的食物图案起了修饰效果，让整体不再单调。

图 9-16

9.7 珠宝类

珠宝首饰等贵重物品的网页设计一定要有足够的气质和产品相符合，布局一般比较简洁。本节将详细介绍珠宝类网页方面的知识。

9.7.1 优雅风格

珠宝类网页风格比较优雅，一般文字比较少，色彩搭配比较大气，一般采用黑色、灰色、棕色等颜色。图 9-17 所示的案例中大幅图片占据网页中心位置，用文字进行点缀，整体风格显得非常优雅。

图 9-17

9.7.2 神秘风格

在配色前，首先需要确定色彩基调，黑色一般带给人神秘的色彩。图 9-18 所示的案例采用了蒙版式排版，达到一种朦胧的视觉效果，带来一种神秘的风格，文字的搭配则作为点睛之笔。

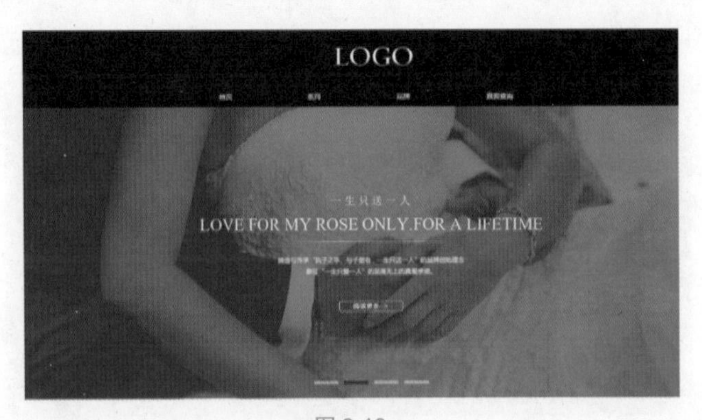

图 9-18